to Feel the Music

A SONGWRITER'S MISSION
TO SAVE HIGH-QUALITY AUDIO
NEIL YOUNG AND PHIL BAKER

音楽を感じろ

デジタル時代に殺されていく音楽を救うニール・ヤングの闘い。

ニール・ヤング＆フィル・ベイカー［著］
鈴木美朋［訳］

河出書房新社

TO FEEL THE MUSIC

: A Songwriter's Mission to Save High-Quality Audio
by
Neil Young and Phil Baker

Published by arrangement with Folio Literary Management, LLC
and Tuttle-Mori Agency, Inc.

妻ダリルへ。彼女の芸術性と、わたしの芸術を支えてくれることに。共同プロデューサーのジョン・ハンロンと、長いあいだエンジニアを担当してくれているティム・マリガンへ。ふたりのすばらしい仕事のおかげで、音楽を最高の技術で作ることができる。そして、わたしの音楽を愛してくれるすべての人々へ。みなさんのおかげで、わたしの人生はとても充実している!

そして、わたしの親友でありマネージャーであり、音楽を感じるためにはあたう限り最良の音が聞こえなければならないと知っているからこそ、音のクオリティを向上させる活動を生涯たゆまず支援してくれた故エリオット・ロバーツに。エリオットは、後世のために芸術の一形態を残すこと、すなわち音楽の歴史を最高のクオリティで残すことが緊急の課題だと理解していた。エリオット、いままでありがとう。

ニール・ヤング

妻ジェインへ。五十年にわたる愛情と支援に。娘のカレンと息子のダン、義理の娘ホリー、孫のキアンとクライヴへ。彼らの愛情とユーモアと、わたしの人生に大きなよろこびをもたらしてくれることに。

そして、ニールに最大の感謝を。音楽を最高のクオリティで残すという彼の夢を手伝わせてくれたことに。

フィル・ベイカー

ニールからのメッセージ

ぜひ www.neilyoungarchives.com を訪れて、

今週の一枚と今日の一曲を聴き、

上質な音楽を体験してほしい。

Contents

目次

はじめに

ニール・ヤング

わたし自身も含め、ミュージシャンはあたう限り最高の音質で音楽を録音しようと努める。ひとつひとつの楽器の音、ひとりひとりの声、そして周囲の状況までも保存することに腐心する。なぜなら、音楽とは聴けば聴くほど魂で感じるものだとわかっているからだ。

しかし、現代のレコード音楽とテクノロジーの業界では、音質が軽んじられている。ひどい音質で音楽を届けることに甘んじ、レコード音楽から芸術性を剝《は》ぎ取り、低俗化させてしまったので、リスナーに聞こえるのはもともと録音されたもののほんの一部だけだ。もとの録音には、音の深みや幅があり、ごく小さな音や反響音や余韻や、演奏している場の性質まではっきりととらえられている。ところが、圧縮された音楽はそのような細かなものがまるで欠けていて、浅く平べったく濁った響きになっている。音楽を圧縮するようになったために悪影響が出ているのは、いまわれわれの耳に届く音だけではない――将来、まともな音で音楽を聴くことができなくなる。

わたしはかつての音を取り戻し、音楽の魂を救い、ひいては音楽の未来を救うため、すべてのアーティストと音楽ファンに代わって、音楽業界と技術業界に抗議してきた。本書には、その一部始終を記した。音楽の救済に力を尽くすことは、わたしがプロのミュージシャンとしてずっと自分に課してきた、もっとも大切な使命だ。

ここには、わたしが少人数のチームとともに実現可能な解決策の見本ともいえる技術を開発し、市場に出すまでが記録されている。ハイレゾ音源ダウンロードサービスと専用プレイヤー〝PONO〟(ポノ)はわたしの最初の労作だ。わたしは仲間たちとともに、最高の音質の音楽を手頃な価格で多くの音楽愛好家に届けることは可能なのだと、業界に証明してみせた。特別なことはなにもしていない。業界のだれにでもできることだったが、ほとんど注目されなかった。とはいえ、われわれの努力はそこで終わったわけではない。はじまったばかりだった。

ストリーミング配信サービスが盛んになるにつれて、音楽業界はますます低音質化へ向かった。ひどい音からさらにひどい音になってしまった。それでも、解決策はあるとわたしは信じていた。将来、ストリーミング配信が主流になるのなら、もっとましなものにできないだろうか? わたしはその目標に向かい、シンガポールのオラストリームという小さな会社と、さらに少ない人数の仲間たちとともに、既存のものよりはるかに優れた新しいストリーミング技術を開発した。わたしはこのハイレゾストリーミング・プラットフォームを〈ニール・ヤング・アーカイヴズ(NYA)〉

で広めている。NYAがXストリームと名付けたこのプラットフォームは、PONOのあとを引き継ぎ、ストリーミングの利便性を確保しつつ、ユーザーの通信環境に応じて最高の音質で音楽を提供している。わたしが業界に知らしめたふたつ目の解決策が、このハイレゾストリーミングだ。

わたしは自分の名前と信用を賭けてよりよい音を探求してきた。本来そうすべき技術系大手企業の怠慢を指摘してきたし、これからもそれをやめるつもりはない。それが正しいことだと、心の底から信じているからだ。わたしはミュージシャンと音楽愛好家のためにこの冒険の旅をつづける。だれもが聴くべき音を聴くことができるように──作り手が意図したとおりの音を。

フィル・ベイカー

はじめてニールに会い、いままでにない音楽プレイヤーを開発したいので協力してくれないかと持ちかけられたのは、二〇一二年のことだ。わたしの目の前にいたのは、伝説的な作品を生み出した有名なミュージシャンであり、なおかつ数十年にわたって音楽の救済という使命に情熱を傾けてきた人間だった。彼はCDの発明を境に失われたもの──クオリティの高い音を取り戻そうとしていた。その使命はこの数十年間、変わっていない。わたしと出会う前から彼の情熱の対象であり、いまもそうでありつづけている。

ニールにとっていい音がどれほど大切か、そして彼の目標がどんなに困難なものか、そのときのわたしにもよくわかった。ニールはひたすら人のためを思っていた。金儲けが目的ではなく、ましてや名声など求めていなかった。そのことが理解できず、ニールの真意を疑うひねくれ者もいるが、わたしは議論や打ち合わせの場に欠かさず立ち会っていたのだから、真実を伝えることに協力したい。

ナッシュヴィルのミュージシャン殿堂博物館（ミュージシャンズ・ホール・オブ・フェイム）を訪れたとき、過去百年間、生の演奏を聴くことができない人々にできるだけ高音質で音楽を届けるため、録音と再生の技術の向上にどれほどの努力が払われてきたのかを知り、わたしは胸を打たれた。蓄音機、ラジオ、オープンリール、カセットテープ、巨大なスピーカーにアンプ。どの発明品も、もとの音を忠実に再生することを目的としていた。ところが、現代のテクノロジーは方向転換した。音質より利便性を優先するようになったのだ。博物館に展示されていた長い努力の歴史は急停止し、逆戻りしはじめた。

わたしはミュージシャンではないが、技術開発業界でキャリアを積んできた者として、この後退はひとごとではないと感じている。われわれの生活をよくするはずのテクノロジーが、音楽愛好家たちを無視していた。そのことが、ニールとわたしと仲間たちの進むべき道を決めた。

小さな企業がアイデアを製品化するにはなにが必要か。本書は、大いなる志を抱きながらも資金力のないベンチャー企業の物語、ニールの理想を現実にするまでに仲間たちが直面した数々の困難の記録だ。読者は、開発と製作、そして消費者に製品を販売するまでに踏まねばならないおびただしいステップをたどることになる。

わたしは製品開発のプロセスを赤裸々に記した。工業製品の開発につきものの不具合も、思いがけず持ちあがった問題も、本書で残らず公開する。バックグラウンドの異なる人々が集まり、目的やアイデアを衝突させながらもチームとして仕事をするのだ。なにかを作りたいと思いつくのはたやすいが、その思いつきを形にする過程は、複雑で予想外のアクシデントの連続だということが、本書を読めばおわかりいただけるだろう。そして、いよいよ製品が完成したとき、評価の基準はどこに置かれるのか？　もともとの構想どおりに機能することか、それとも低コストで製造できることか、いや、市場で売れることか？　本書では、ほとんど顧みられることのないこのような問題も取りあげる。

Chapter 1 / Neil

第1章／ニール・ヤング
なによりも大きな意味のあること

わたしにとって、音楽は人生の大きなよろこびのひとつだ。五十年以上、演奏活動をし、曲を書き、アルバムを作ってきた。世界中を飛びまわり、数十カ国で公演を行なった。音楽にフィルターがかからないライヴパフォーマンスほどすばらしいものはない――音楽が空間を満たし、反響する。このうえなく純粋で自然だ。そのライヴパフォーマンスを再現するために優れたレコードを作ることも、同様にすばらしい。それもひとつの芸術だ。

一九六〇年代から七〇年代にかけて、オーディオ機器が発達し、高品質のレコード盤やテープレコーダーが登場したことで、家庭でもいい音で音楽を聴けるようになった。ライヴパフォーマンスそのままではないにせよ、サウンド自体が芸術であり、リスナーは音楽を楽しみ、全身で音に浸かり、微妙な音の差異をじかに感じることができた。

デジタル時代の到来

ところが八〇年代初頭、オーディオは進歩するのをやめ、その結果、思いがけない事態が起きた。コンパクトディスク（CD）の登場でデジタル音楽を聴くことができるようになったとき、わたしは興奮した。これでやっと、レコード盤につきもののプツッ、パチッという雑音も針の擦過音もなくなるぞ、と思ったのだ。

レコーディングが終わってスタジオに入ったわたしは、いつもどおりの作業をした。大音量でミキシングをはじめ、新しいデジタル機器で再生したCDの音を聴いた。三時間後、わたしは自分の耳に殺されそうになっていた。耳のなかがじんじんと鳴り、痛くてたまらなかった。なにかがおかしいとはじめて気づいたのはあのときだ。

CDは当時の最新のフォーマットで、最新であるがゆえに、音楽産業や技術産業は盛んにCDを宣伝し、PRした。だが、CDはたしかに便利ではあるものの、レコードやカセットテープなどの先祖にくらべて、音質の点では劣っていた。

それが下降スパイラルのはじまりで、本来なら一段ずつ階段をのぼっていなければならないのに、利便性のために音質が損なわれるようになった。あのときから現在まで、われわれは繰り返し後退を体験している。つまり、新しいフォーマットが出てくるたびに、それまでのものより音が悪くなっていくのだ。

まったく意味がわからない。フォーマットが次々に変わるのは歓迎されない。同じコンテンツを何度も買い直さなければならないからだ。しかも、同じコンテンツを買ったら、それまでのものより品質が悪かった、などということが起きたら？　最悪だ！　わたしが思うに、ほんとうに必要なフォーマットは一種類だけであり、その一種類は最高のものであるべきだ――可能な限り。

あいにく現時点では、オリジナルの演奏に近い、かつての高音質の音源を、一般のリスナーが気軽に購入する方法がない。レコード音楽の歴史にも、絶頂期にあった前世紀のすばらしいレコード文化にも、なかなか触れることができなくなっている。現在、高音質の音楽を楽しんでいるのは、レコード代に大枚をはたくことができ、そのレコードを再生するための高価な機器を持っている、一部の選ばれし者だけだ。そのようなリスナーはごく少数だから、流通するタイトルも非常に限られる。そして、レコード会社は売れないものより売れるものに注力する。すなわち、携帯電話用の低音質の音楽だ。

劣悪な音を受け入れる風潮は業界中に広がり、軌道修正することはますます難しくなっている。人々は質の悪い音に慣れ、本来の音楽の響きを知ることはない。高品質の音が求められなくなり、音響機器の会社は傾く一方で、アーティストは以前より低い音質で作品を作るようになった。音響機器の会社が軒並みつぶれてしまえば、いい音を再生する機器は手に入らなくなる。いうなれば、オーディオ業界全体を沈下させる、底辺への競争だ。

デジタルは進歩する――ただし、オーディオを除く

ほかのデジタルコンテンツでは、このような質の悪化現象は起きていない――オーディオだけだ。デジタル画像や動画の進歩はめざましい。劇場で観る映画も、カメラで撮影する写真も――電話の音声ですら――かつてないほど鮮明になった。デジタル技術を活用して色や形を補正できるようになった結果、ますます映像を楽しめるようになり、技術がなければ失われていた細かい部分や微妙なニュアンスを伝えることができるようになった。

オーディオがそうはならなかったのはなぜだろう。なにかがおかしい。わたしはアーティストだから、スタジオで聴く音と同じ音をファンに聴いてほしいと思っている。ほかのアーティストのファンにも同じことを願っている。このテクノロジーの時代においては、わたしの願いを邪魔する

ものはただひとつ——拝金主義だ。

　レコード会社は、音がいいというだけでハイレゾストリーミングにはそれ以外のものよりはるかに高額の楽曲使用料を課したがる。ハイレゾで音楽を配信しようが、レコード会社の金銭的な負担が増すわけではない。必要なのは帯域幅《バンド》（データ伝送に使われる周波数の幅。転じて通信速度の意味で使われることもある）だけだ。消費者が払う帯域幅のコストはあっというまに安くなった。それなのに、粗悪な音で音楽を聴くコストより、良質な音で音楽を聴くコストのほうが高くなるのは当然なのだろうか？　そのコストを消費者が負担すべきなのだろうか？　納得のいく答えは、いまだに見つからない。

　レコード会社が音楽ストリーミング会社を楽曲使用料で縛るのをやめ、余分なコストをかけずに音楽を配信できるようにすれば、ストリーミング会社のやりかた次第で、テクノロジーを開発し、二十一世紀でもいい音で音楽を届けることができるようになる。わたしはある方法を発見して、自分の音楽のために実用化した。わたしのＮＹＡのサイトとアプリでは、ハイレゾで音楽を配信している。ストリーミング会社にもできることなのに、どこもやらない。なぜだろう？

現代のサウンドはなぜここまでひどいのか？

　ストリーミングサービスには、メモリと帯域幅に膨大なコストがかかっていた二十世紀の名残をとどめている。二十年ほど前、アップルコンピュータが高価だが容量の小さいハードドライブを使ったｉＰｏｄを開発していたころは、さまざまな限界をどう克服するかが大きな課題だった。低コストでは安定したメモリは手に入らず、データの送信には現在の何倍もの時間がかかった。いまではそのような問題などとうに解決しているが、音楽のフォーマットはいまだにあのころのまま――当時の限界に囚われている。音楽は檻のなかだ。

レコード会社と、彼らが販売するデータファイルも同じだ。レコード会社はハイレゾストリーミングには高額な楽曲使用料を課すが、その根拠はなにもない。音質に制限を設けるのは、経済的な観点から見ても筋が通らない。よりよい製品を売る手段があり、販売コストも変わらないのなら、売ればいいではないか？　品質の出し惜しみをしながら販売価格を吊りあげれば、だれもそんなものは買わないだろうに、なぜそんなことをするのか？　使えないものを所有することになんの意味がある？　わたしにはさっぱりわからない。レコード会社がこのデジタル時代より少し前を振り返れば、レコードもカセットテープもだいたい同じ値段で売っていたことを思い出すだろう。価格も音質も媒体によって大きく変わることのなかったあのころ、人々は心から音楽を愛していた。音楽を聴き、感じることができたからだ。音楽の魂を感じ、そうすることを愛していた。

手頃な価格で高音質の音源が手に入れば、ストリーミング会社はそれを配信し、だれもがよりよい音楽を聴き、感じるようになる。そして世界はいまよりはるかに楽しく、よい場所になるだろう。

音楽とテクノロジーの業界が音質をないがしろにする論拠のひとつに、大多数の人には微妙な音の差などわからないのだからわざわざ手をかける必要はない、というものがある。わたしの反論はシンプルだ。だれもが違いを聞き分けられるかどうかは論点ですらない。聞き分けられる人もいるし、聞き分けられない人もいるというだけのことだ。コストが変わらないのなら、ガタガタいうことはないだろう?

そうだ、わたしは音楽を、サウンドをわかっている。音楽を聴き、感じることができるのだ! わたしのように色覚異常のある人は大勢いるが、カラーテレビではないテレビなど昨今なかなかお目にかかれない。見えない色がある人がいるからといって、テレビから色彩をなくしたりはしない。かつてはテレビの画質について、ヒトが知覚できる水平解像度の上限は2Kだといわれていた。ところが、現在では解像度8Kの製品が売り出されている。向上した画質のよさがわかる人々がいるからだ。

微細な音の領域についても、同じことがいえるのではないだろうか。音楽が聞こえない人、音質の差がわからない人がいるからといって、微細な音を消していいわけがない。聞き取れる人には聞こえるようにするのが当たり前だ。それに、そもそも聞き取れない人たちには、音の差が聞こえるか聞こえないか確かめようがない。自分たちには聞こえないということを、どうやって確かめるというのだ? なにとくらべるのだ? 低レベルの音に慣れた耳には、それなりの音しか聞こえない。

いい音は聞こえないし、聞こえたとしてもせいぜい数分間だ。その程度の短い時間では、違いがわからないだろう。ただ、ほんのわずかな違いがいったんわかってしまえば、人生が変わる可能性だってある。

いつでもハイレゾで音楽を聴けるようになれば、いままでよりはるかに音楽を楽しめることに気づくかもしれない。一度、体で音楽を吸収すれば、音楽を聴くことの心地よさに目覚めるはずだ。人間の体は驚きに満ちている。ほんとうにすごい！　どこまでも敏感になれる。神か、あるいは自然か、どちらを信じるかによるが、神もしくは自然が人間の体をそんなふうに創ったのだ。あらゆる音を聞き取り、感じ取ることのできるリスナーがいるのに、なぜ出し惜しみをする？　なんの意味もない。貧しい音にこだわれば、耳がよくて質の違いがわかる人々がいい音を受け取れない。最高の音を届けて人々の生活の質を向上させようとしないのは、理不尽そのものだ。なんといっても、テクノロジーの目指すところのひとつはそれ――われわれの人生をいいものにすることなのだから。

音楽はわたしの人生であり、とても大切なものだ。確実に、最高のクオリティで保存したい。わたしは時折、自分がやろうとしてきたことのなかで、これはなによりも大きな意味のある試みかもしれない、と思う。うまくいくかどうかはわからない。でもうまくいけば、ひとつの大きな成果になる。わたしの音楽だけではなく、すべてのミュージシャンが作るすべての音楽、録音技術が発明されたときから現在までに作られたあらゆる音楽に影響することだから。

そんなわけで、わたしはあきらめない。耳を傾けてくれる人がいる。気にかけてくれる人がいる。いい音を取り戻すことは、当初思っていたよりもはるかに長い道のりになった。目標に到達するまでに多くの難関が立ちはだかるが、われわれはそのたびに新しい解決策を見つけるだろう。

Chapter 2 / Phil

第2章／フィル・ベイカー

音質に関する一考察

音楽の現状をよりよく理解するには、デジタル音楽のテクノロジーやフォーマットの種類、デジタル音楽を発展させた要因について知っておくといい。

定義

まず、ハイレゾのデジタル音楽。これは漠然とした言葉だが、要するにCDより高音質のデジタル音楽ファイルのことだ。オリジナルの演奏にはどうしたってかなわないが、録音された音の細部や微妙なニュアンスを伝えるにあたっては、CDよりいい仕事をする。

録音の方式には二種類あって、それがアナログとデジタルだ。アナログは切れ目のないデータの流れから成り、オリジナルの音に近い。オリジナルの音がアナログなのだから当然だ。デジタルオーディオは、途切れ途切れのデータでオリジナルのアナログ録音を再現、もしくは模倣しようとするものだ。

その限界

レコード盤やカセットテープのようなアナログ媒体では、音質の限界とはすなわち媒体そのものであることが多く、再生すると録音された演奏のほかにも、媒体特有のノイズがどうしても入ってしまう。たとえば〝サーッ〟という音や〝パチッ〟という機械的な音が、バックグラウンドノイズのように聞こえるかもしれない。レコーディングされたオリジナルの音自体は損なわれていなくても、これらのノイズにやや影響されることがある。アナログの音質は、原音の録音技術とノイズの最小化に左右される。つまり、録音機材の性能次第だといってもいい。

サンプリングレート

一方、デジタルオーディオは原音をもとに〝製造される〟。原音を切り刻んでデータの破片にし（サンプリング）、録音されたものを再生する。このサンプリングの間隔と精密さが音質を決める。サンプリングの間隔が狭ければ狭いほど、音質はよくなる。間隔が広がれば、録音を再生したときの音は粗くなる。

アナログの音楽をサンプリングする頻度は一秒間あたりの回数で計測され、サンプリング周波数、あるいはサンプリングレートと呼ばれる。音楽のサンプリングでもっとも一般的な周波数は、一秒間に十九万二千回から三十八万四千回だ。単位はヘルツを使う。一秒間に十九万二千回、つまり192キロヘルツで、あらゆる録音物を充分な音質で再生できるとされている。

音楽のサンプリングは、動く物体をサンプリングして動画や映画を作る過程によく似ている。サンプリングレートをあげればあげるほど、再生される音の質は高くなる。昔の映画の画像がちらついたり揺れたりするのは、一秒間あたりの静止画像数（fps）がごく少なかったからだ。デジタル映画やHDビデオ、ブルーレイの画像の一秒間あたりの静止画像数は60fpsで、よりなめらかで高画質な再生を可能にしている。

精度と深度

サンプリングレートのほかにも、細かさや精密さのレベル、つまりそれぞれのサンプルの精度というものがある（たとえば、円周率はざっくりあらわすなら3・14、より精密にあらわすなら3・141592653589となる）。オーディオの場合、精度は16ビットや24ビットなどのビット深度であらわされる。後者のほうがより精密だ。このビット深度によって、ダイナミックレンジ、つまり音を再生する際の精確さも決まる。24ビットのほうが、音量の幅、すなわちダイナミックレンジが大きい（16ビットの65536段階に対し、24ビットは16777216段階）。ビット深度が大きければ、スタジオ演奏のアナログの音をより忠実に再現することができ、微妙な差異をとらえることができる。

二種類のビット数であらわされるデジタルオーディオの質

デジタルオーディオは、さまざまなレベルの色や光の連続から成るアナログの景色を画素《ピクセル》に置き換えて再現するデジタルカメラになぞらえることもできる。ピクセルとは、景色をごく小さく分割し、色と明るさであらわしたサンプルのことだ。ピクセル数（オーディオでは周波数にあたる）が多いほど、そして1ピクセルの彩度と明度（ビット深度にあたる）が細かくなるほど、元の風景に忠実なデジタル写真となる。同様に、音質は数字の組み合わせで決まる。サンプリングレートとビット深度だ。

周知のとおり、オーディオ業界はハイレゾをCDより高音質のものとしている。CDは44・1キロヘルツ／16ビットだ。アメリカレコード協会（RIAA）の公式な定義によれば——

ハイレゾオーディオとは、CD音質以上にマスタリングされた音源を録音した、フルレンジの音を再現可能な、損失のないオーディオである（＊1）。

したがって、192キロヘルツ／24ビットのデジタル録音は、つまるところデジタル音源として最高の品質と見なされている。高音質のアナログ録音は、MP3よりはるかに高音質のCDよりさらに高音質である192ヘルツ／24ビットのトップレベルのデジタル録音に勝ることになる。

元の録音がCDやMP3のレベルに圧縮される際、データはランダムに切り捨てられるのではなく、重要度の低いデータが切り捨てられる。圧縮のアルゴリズムは、大きな音と同時に鳴っている小さな音など、ヒトの耳には聞こえにくい領域の音を削除するという原則を採用している。だが、そうすることによって、あなたには聞こえたり感じたりする可能性のあるデータを捨てているのだ。

ストリーミングの品質を定義する数字

低音質のストリーミングにも、ハイレゾのように音質を定義する数字があるのかといえば、そんなものはない。ストリーミングの場合、一秒間に送信するデータの総ビット数（ビットレート）は、サービスによって異なる。24ｋｂｐｓ（一秒間に数千ビット）しかないものから、３２０ｋｂｐｓまでさまざまだ。主流は、１２８ｋｂｐｓか２５６ｋｂｐｓである。

ハイレゾの音質をストリーミングと同様の単位であらわせば、９２１６ｋｂｐｓとなる（１９２／24のハイレゾでは、24ビットのデータを一秒間に１９２０００回サンプリングするので、総データは24×１９２０００＝４６０８０００ｂｐｓ＝４６０８ｋｂｐｓであり、それを二チャンネルのステレオで再生すると、合計９２１６ｋｂｐｓ）。

ＦＬＡＣ（フリー・ロスレス・オーディオ・コーデック）という業界標準の無損失圧縮形式のフォーマットを使い、ファイルサイズをおよそ四〇パーセント削減、つまり約６０００ｋｂｐｓまで圧縮する技術がある。これは2チャンネルのステレオでハイレゾ音源をストリーミングするのに必要なビットレートだ。音楽コンテンツによってFLACで圧縮するパーセンテージが変わるので、この6000kbpsという数字には多少の増減がある。

まとめれば、ハイレゾのビットレートが6000kbps、CDが1411kbpsにくらべて、低音質のストリーミングは24kbpsから320kbpsまでと、ばらつきがあるということだ。


ここまで、録音された音楽コンテンツの音質について語ってきた。音質を語る際には、音楽を聴く手段も無視できない。

ヘッドフォンやスピーカーなどの機器の性能が高ければ、よりよい音で音楽を聴くことができるのはたしかだが、それなりの機器であってもよい音で聴くためには、レコーディングの質が重要だ。

PONOを開発するにあたって、われわれはオフィスで、自宅で、車のなかで、そしてオーディオルームで、さまざまなプレイヤーやヘッドフォンやスピーカーを何通りにも組み合わせて、さまざまな音質の音楽ファイルを再生してみた。そこでわかったのは、たとえ最高の機器でも貧弱な音楽ファイルをいい音で鳴らすことはできないが、高音質の音楽ファイルは普通の機器で再生してもいい音で聴けることだ。

これは意外でもなんでもない。ぼんやりとした写真は、どう見ようが鮮明にはならないが、鮮明な写真は遠くから見ても近くから見ても鮮明だ。見る方法とは関係なく、画像ファイルのなかにある情報がすべてだ。

　音楽の場合、ハイレゾファイルがどのくらい優れているのかはわかりにくい。だが、音楽も写真と似ている。携帯電話の画面に映る画像はきれいに見えるが、ズームしたり拡大印刷したりすれば、弱点は一目瞭然だ。音楽も集中して聴くのでない限り、たとえばバックグラウンドミュージックとして流すなら、どんなファイルでも充分だ。だが、音楽に〝ズームイン〟して注意深く聴けば、大きな違いがわかる。音楽にズームインするというのは、ある一定の時間、よけいなものを排除し、音楽に集中して耳を傾けることだ。流れている音を意識的に聴き、全身に染み渡らせ、微妙な差異を感じなければならない。低音質の音楽は時間がたつにつれて神経に障《さわ》り、聞き手を疲れさせるようになるが、ハイレゾの音楽なら何時間でも聴いていられる。焦点を合わせると、違いが浮き彫りになる。

　ところで、ハイレゾオーディオを語るときに、つねに議論となるのが、ある人には聞こえるが、ほかの人には聞こえない音の問題だ。これは、ワインや写真といった、ほかの娯楽とも似ている。たとえばワインについては、偉大なボルドーのよさがわかるからと嬉々として大金をはたく人から、十ドルのテーブルワインの赤のほうが好きだという人まで、さまざまな持論を語る。ワインとオーディオに共通するのは、愛好者たちの情熱とこだわりだ。とりわけ、考え方があまりにも違いすぎると、それぞれのこだわりはますます強くなる。ワインやオーディオの名状しがたい違いがはっきりとわかり、味わうことができる人をけなす人々からは、たびたび無礼で侮蔑的な言葉が聞かれる。

写真の世界でデジタルカメラが認められたのは、解像度が35ミリフィルムに匹敵する300万ピクセル（3メガピクセル）の画像を作ることができるようになってからだ。当時、〝専門家〟たちは、300万ピクセル以上の解像度の差を見極められる人間はいないから、無駄金を投じるなといっていた。ところが、カメラは進化しつづけ、さらに高解像度のセンサーを搭載するようになり、現在ではプロ用のカメラには40メガピクセルを超えるものもあるし、スマートフォンのカメラですら12メガピクセルだ。結局、ピクセル数の増加は無駄ではなかったわけだ。高感度のセンサーは、解像度をあげただけではない。広いダイナミックレンジ、鮮明なコントラストや微細な色調など、画質を決めるほかの要素も向上した。

データ量の少ない音楽ファイルには、ハイレゾファイルと違って微細な音が入らない。大味なワインや、かすかなニュアンスを映し出せない低解像度の画像と同じだ。

では、低音質の音楽ファイルでは聞こえないが、ハイレゾなら聞こえるものとはなんだろう？それは、空間の広さ、音場《おんじょう》の広がりだ。ハイレゾなら、トライアングルやギターの弦が発する倍音や、徐々に消えていく余韻を聴き、感じることができる。音楽はわれわれの感覚に作用する。音波は耳に入り、ほかの体の部分にも届く。微細な音が脳を刺激して、過去のできごとをよみがえらせることすらある。

わたしはPONOの第一試作機を自宅へ持ち帰り、妻のジェインに聴いてみてほしいと頼んだ。ジェインは、サンディエゴ屈指の実力を誇り、たびたびサンディエゴ交響楽団と共演もしている合唱団、サンディエゴ・マスター・コラーレの団員だ。わたしが過去に設計した製品の多くに厳しい評価をくだしていたので、最高のモニターだ。オーディオマニアではなく、一音楽愛好家として、また音楽家として、ぜひPONOの音を聴きたいといってくれた。試聴後の反応にはわたしですら驚いた。

あのとき、ジェインはこういった。

「リハーサルや演奏会でステージに立って自分のパートを歌ったり、オーケストラの間奏を聴いたりするとき、それぞれの楽器の混じりけのない音が聞こえるの。それだけでなく、サウンドを豊かにするオーケストラの倍音も。それから、わたしたちはよくシンフォニーホールや大聖堂のような、アコースティックな会場で歌うけれど、そういう場所では、ヴェルディのレクイエムやバッハのミサ曲ロ短調のように精緻な作品が会場の音響効果でより美しく聞こえる。

家でこんなにいい音を聴いたのははじめてよ――抜群によかった。ゆうべPONOプレイヤーとあなたのオーデジーのヘッドフォンで、合唱曲や交響曲を聴いてみたの。ロバータ・フラックの『やさしく歌って』とか、現代の曲も。びっくりするくらい、サウンドが澄んでいて豊かだった。

オーケストラとステージに立っているときのように、ひとつひとつの楽器がわたしのまわりにあるようだった。ロバータ・フラックの曲を聴いたときは、彼女の声がよく響いていると同時に、背景の楽器の倍音も聞こえて、余韻も充分だった」

それまで仕事で携わった多くの製品について、妻からこれほど熱い反応が返ってきたことはなかった。ジェインは最後にいった。「これはあなたが手がけた製品のなかで最高だから、ぜひみんなに聴かせないと！　かならず実用化してね」

ところが、ハイテク業界では、ハイレゾ音源の価値には疑問があるとされ、「違いがわからない」から「すごいね」まで、さまざまな意見があった。それに対して、ニールの答えはシンプルだった。「違いがわからない人がいてもいいじゃないか。そういう人は金を無駄遣いすることはない。だが、違いがわかり、いいものを楽しむことができる人の邪魔はすべきじゃない」

ハイレゾはコンテンツを変えるだけでなく、人々の気持ちや活力や幸福にも影響を与えるということに、わたしは一片の疑いも挟んでいない。音楽には、いろいろな感覚を通してわれわれの心を動かす特別な力がある。ニールはずっと前からそれを感覚でわかっていたが、科学的にも証明されている。

たとえば、ヘルシンキ大学の科学者グループによる研究では、クラシック音楽を聴くと遺伝子の機能が変わるという事実が明らかになった（**＊2**）。クラシック音楽の鑑賞は「血圧をさげ、ドーパミンの分泌を促し、筋肉の機能も向上させる。しかし、さらなる研究の結果、音楽はヒトの身体にもっと深い変化をもたらすことがわかった」という。

その研究では、モーツァルトの『ヴァイオリン協奏曲第三番ト長調K二一六』を被験者に聴かせ、前後に血液のサンプルを採取した。すると、音楽はヒトのDNAに直接影響を与えることがわかった。音楽を聴くことには、それまで考えられていたより驚くべき効能があるらしい。ヒトの生物学的な核を変えるのだ(＊3)。

要は、音楽にはさまざまな質のものがあり、さまざまな方法で楽しまれているということだ。音楽はユニバーサルな言語として、われわれによろこびをもたらす。バックグラウンドミュージックであっても、コンサートホールの中央で聴くライヴパフォーマンスであっても、それは変わらない。だが、ライヴパフォーマンスにもっとも近いものがハイレゾ音楽であることはたしかで、それ以下のものに甘んじなければならない理由などない。

ハイレゾのデジタル音楽ファイルには低音質のファイルよりはるかに多くのデータが保存されているので、MP3やポータブル音楽プレイヤーの開発者たちはいくつかの技術的な問題に対処しなければならなかった。ハイレゾの音楽ファイルのように大量のデータを送信するには、より大容量のメモリと、より高速のワイヤレスネットワークを必要とする。現在の音楽サービスや基準やフォーマットには、こうした壁——容量の小さなメモリ、遅いネットワーク、高価なコスト——に

年々、通信速度があがる一方でデータ通信料金は
下がっている（アメリカの例）

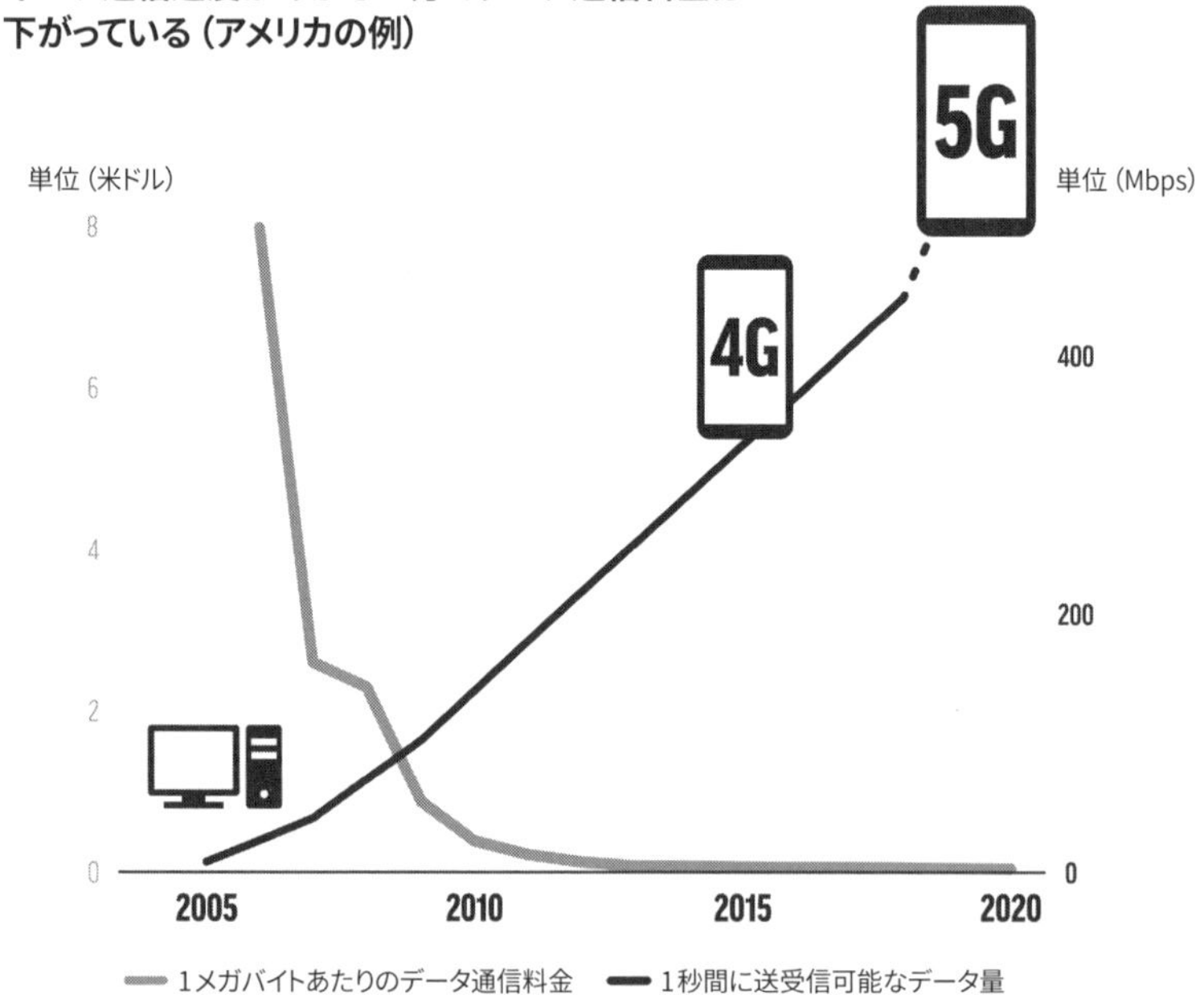

影響された例をいくつも見ることができる。データを小さくして簡単に送信したり保存したりできるよう、圧縮された音楽が出まわるようになったのだ。

ニールが指摘したように、このような限界は急速に解消されていった。メモリのコストは急落し、大きなディスクドライブ数枚が必要だったのが、ごく小さなメモリチップでこと足りるようになった。1メガバイトのメモリのコストは、一九八〇年代には六四八〇ドルだったが、一九九〇年代には一〇六ドル、二〇〇〇年代には一ドル五六セント、二〇一〇年代には一九セント、そして二〇一九年には〇・七セントまでさがった。iPodが発売されたころにくらべて、いまやメモリのコストはほんのわずかである（＊4）。しかし、音楽ファイルのサイズを小さくしたのはiPodであり、そのサイズはこの二十年間ほとんど変わっていない。

データ送信の速度とコストについても、同様の進歩があった。高速移動通信の速度は、二〇〇三年の第三世代（3G）における2mbps（一秒間あたり2メガバイト）から現在の4G＝200mbpsまで発達した。さらに、5Gの時代に入れば、4Gの千倍の超高速通信が実用化される。

つまり、以前は技術的な障壁があったために音楽を圧縮し、音質について妥協せざるをえなかったが、そんな限界は技術の発展で消えていくのだ。もはや妥協は必要ない。

カメラや携帯電話に使われるセンサーも同様に発達してきたが、どのメーカーも新しい技術を製品に組みこむことに積極的だ。変化を享受し、もともと〝充分に高画質〟と考えられていたレベルをはるかに超えた画質を実現する改良版を毎年発売している。また、高解像度のフラットパネルディスプレイを搭載したテレビのメーカーも、ダイナミックレンジをさらに広げ、解像度をあげた新型を積極的に発表している。テクノロジーの企業が、製品の部品や社会的なインフラ、製造技術の進歩を受けて製品をどんどん改良していくことは、むしろまったく普通であり、当たり前である。

ところが不思議なことに、録音された音楽の音質に関しては、それが当たり前ではない。

ほかの分野で消費者向けのデジタルテクノロジーが進歩しているのに、音楽だけが違う。年々、質が劣化してきた。以前とくらべて、質の悪い音でレコーディングするミュージシャンが増え、低音質の音楽ファイルを聴く人々が増えた。明らかに、なにかが間違っている。変革が必要なのだ。

Chapter 3 / Neil

第3章/ニール・ヤング

音楽が失われつつあることにどうして気づいたか

わたしが音楽を救いたいと思うようになったのは、最近のことではない。三十年以上前から、ずっと考えていた。そのことについては、文章にしたり話したりしてきたし、行動を起こそうとしてきた。いまも音楽を救うために時間とエネルギーを注ぎこんでいるし、これからもできる限りそうしつづけるつもりだ。ここで、はっきりいっておこう。わたしは自分の作品のためだけに努力しているのではない。この九十年から百年のあいだに作られた、すべての偉大な作品のためだ。

一九八〇年代まで、録音されたあらゆる音楽は、レコードやカセットテープといった、細部や微妙なニュアンスを余さずとらえるアナログ形式で再生されていた。残念だが、アナログ媒体は時代とともに衰退していった。アーカイヴされているレコード原盤の多くがコピーされているが、たいていはCDレベルの音質で保存される。これは解決にはならない。CDは低音質で、もとのアナログ録音の質にはかなわないからだ。アナログのテープも衰退しているので、将来的には、録音された音楽は低音質のデジタルコピーしか残らなくなる。煎じ詰めれば、高音質で録音された演奏は消えて存在しなくなるのだ。

これは、レコード会社とテクノロジー業界が作った多くの障害が原因で生じた事態だ。それらの障害によって、ミュージシャンたちは作品のすべてを——スタジオでレコーディングされたとおりのクオリティで——リスナーに届けることができなくなっている。そして、それらの障害をもたらしたのは、音楽そのものとは関係ない、金の問題だ。巨匠の絵画が写真のみで保存されていたらどうなるか、想像してみてほしい。ほら、描かれているものの色や形はわかるが、筆の跡や肌理《きめ》や絵の具の厚みは消えてしまわないか？

それが現在の音楽に起きていることだ。結果、以前のように音楽を楽しむことは到底できなくなっている。その障害は作品の魔法を、作品の魂を削り取った——作品を押しつぶし、生命を吸い取ってしまった。たしかに、だれのなんという楽曲かはわかるし、歌詞も聴き取れるし、いいメロディだとか、いいバンドあるいはいい個人の演奏だとか、その程度は判断できる。しかし、音楽にはただわかるだけではないなにかがある。われわれは音楽を感じることができる。歌手が歌えば、われわれはそこに特別なものを感じる。それが音楽というものだ――音楽がなければ、ただしゃべるしかない。

いま音楽があるのは、人類が発明したコミュニケーション方法のなかでもすばらしいものだからだ。ところが、この百年ほどのあいだに録音された音楽は、ひとつ残らず被害者になっている。現在、われわれが使っているデジタルテクノロジーの被害者だ。デジタルテクノロジーを活用して最高の音質で音楽を保存することができるのに、音楽は圧縮され、音質がひどくなった――オリジナルの演奏には遠く及ばない。この二十一世紀に、劣化した音に甘んじなければならない理由などないのだが。

なにが起きているのか理解するために、音楽の録音の歴史を振り返ってみよう。黎明期の数十年間はアナログ形式が使われ、最終的にたどり着いたのは、非常に洗練されたテープレコーダーだった。その結果、演奏のあらゆる要素が録音された。もちろん、アナログ形式にも欠点はある。アナログ録音媒体の限界として、バックグラウンドノイズやかすかな擦過音が入ることはある。しかし、元の演奏がおこなわれているあいだにスタジオで鳴った音は残らず記録されている。なにかが意図的に取り除かれることは決してない。

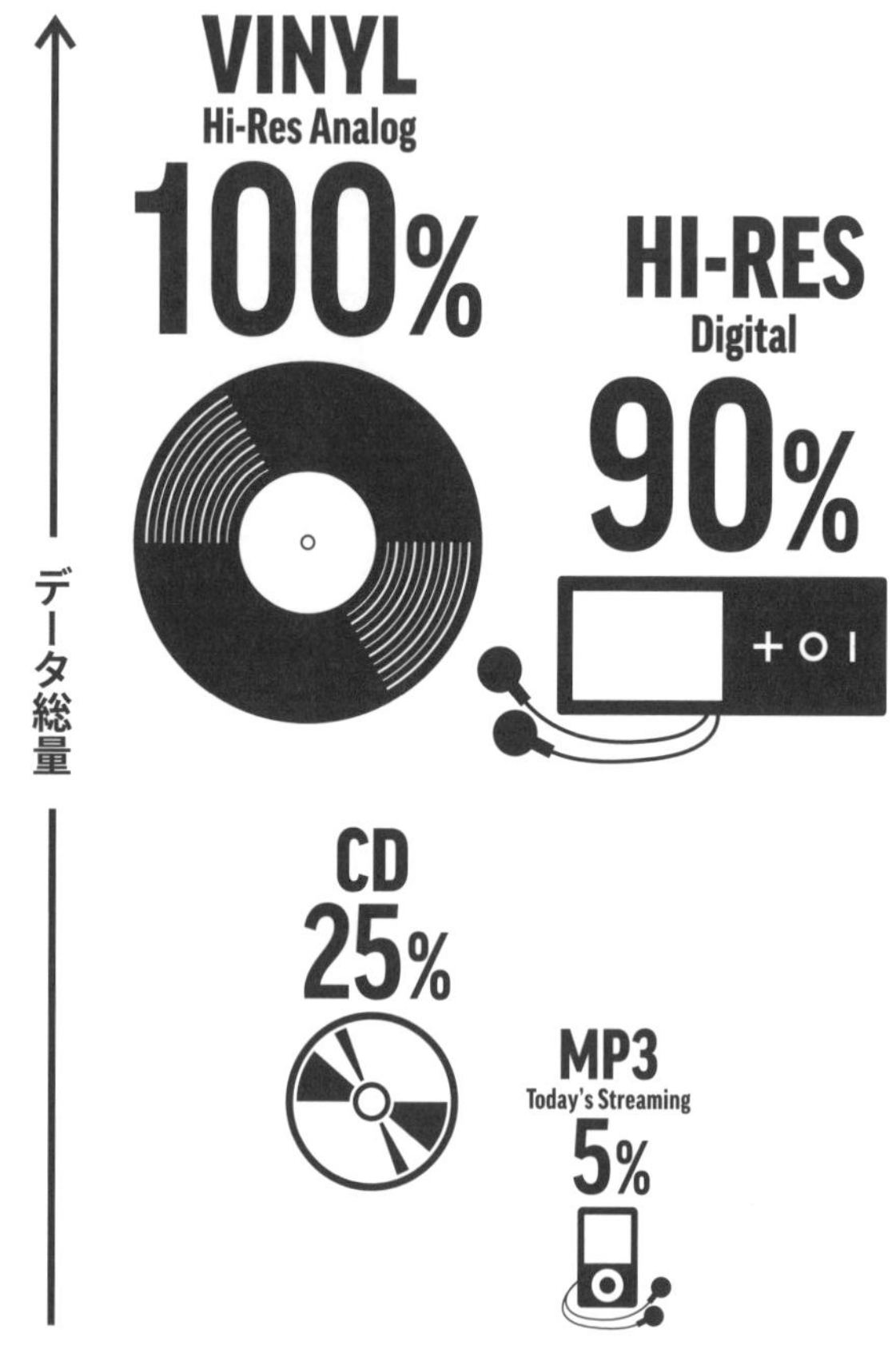
データ総量
VINYL
Hi-Res Analog
100%
HI-RES
Digital
90%
CD
25%
MP3
Today's Streaming
5%

問題はここだ

テープにしろレコード盤にしろ、アナログ媒体には寿命があるが、デジタル媒体にはない。ただし、デジタル媒体には、コンテンツはオリジナルの演奏のとおりに記録されない。断片の集積として記録され、エラーを起こすことなくコピーされる。よって、作り手はまったく同じコピーをいくらでも作ることができる。オリジナルとはかけ離れたコピーを作り放題に作れるのだ。これが新しい基準となってしまった。デジタルファイルは永遠に保存されるが、オリジナルの醸す印象や音楽の深みは、そこにはとらえられていない。とくにそれが顕著なのが、音楽ダウンロード販売やストリーミングサービスを手がける多くのテクノロジー企業が提供する低音質のファイルだ。

あたう限りクオリティの高いデジタル録音なら、オリジナルの演奏を鑑賞や保存に値するレベルで捕捉しうる。ハイレゾの録音にはアナログ形式で捕捉した音声データの九割が記録されている。われわれの文化が生み出した昔の録音物をアナログからデジタルへ移行するなら、このレベルのものを採用するべきだ。そうでなければ、オリジナルの音は失われる。いつまでもCD音質に甘んじることになる。

ＣＤの音は、最高のクオリティのデジタルの音にはまったくかなわない。ＣＤでは、オリジナルのアナログ録音でとらえられたデータのおよそ七五パーセントが削除され、元データのたった四分の一だけしか使われていない、オリジナルとは似て非なるものが残る。ＭＰ３ストリーミングのクオリティはもっとひどく、元データの九五パーセントが取り除かれる。

一方で、保管庫に収蔵されているアナログテープは、使用されることなくしまいこまれているだけで劣化していく。何千人ものアーティストの演奏を録音したテープが失われていく——世界有数のアーティストたちの演奏であり、録音の歴史そのものであるテープが。

このようなアナログのマスターテープを聴いたり、コピーを作ったりする場合、慎重に保管庫から取り出し、加熱処理し、巻き戻し、慎重にほかのメディアにダビングするのだが、テープの劣化を防ぐために、再生が許されるのはせいぜい二度までだ。ぐずぐずしていると、一日ごとにその作業は難しくなり、やがてテープはぼろぼろになってしまう。だから、音楽の歴史の消失を防ぐために、ハイレゾのデジタルコピーを作ることが重要なのだ。大きなレコード会社には保管の専門家やマスタリングエンジニアがいるので、技術はまだ残っている。それなのになぜ、オリジナルのアナログ音源からハイレゾのデジタルコピーを作らないのか？　技術はある。だが彼らは、音源を保存することに歴史的な意義がある、というだけでは経費をかけようとしない。売るという目的がなければ動かない。わざわざ古い音源をコピーするなら、それを売る市場が必要なのだ。

ふたつの障害

第一の障害は、レコード会社がハイレゾ音源にはCDやMP3の二倍から三倍という法外な値段をつけるため、市場がないことだ。そのような価格設定で楽曲を提供できるストリーミング会社はないし、消費者も手を出しにくい。たとえいい音が手に入るとしても、標準的なダウンロードサービスの二倍から三倍もする値段を払おうとしないのが普通だ。だれも買わなければ、再生機器もないので、ハイレゾ音源は生産されない。

第二の障害は、消費者のもっとも身近にある再生機器が携帯電話であるという事実だ。携帯電話は、CD以下のクオリティのファイルを保存したりストリーミングしたりして、再生するように設計されている。ハイレゾ音楽を手軽に、かつ消費者になじみのある方法で再生できる携帯機器はほとんど出まわっていない。現時点では、携帯電話でハイレゾの音楽ファイルを再生するには、あるテクノロジーが必要だ——ハイクオリティのデジタル-アナログ変換回路(DAC)だ。携帯電話に搭載されているものや、iPhoneのヘッドフォンアダプタに統合されているものは、たいていCD以下のクオリティにしか対応していないので、DACを接続しなければならない。このほんの数ドルのコンポーネントで、携帯電話でハイレゾ音楽を再生することができるようになる。もちろん、欠点はかさばること、不便なことだ。だれでも持ち運びしやすい一体型の機器をほしがり、部品を接続しなければならないような再生機器を敬遠する。それに、ハイレゾで音楽を聴いたことのない人々には、自分たちがなにを失ったのかわからない。過去のすばらしい録音による本物の魔法と魂を体験したことのある人は、どんどん減っている。

歴史

音楽の破壊がはじまったのは、レコード会社がハイレゾ音源に割増料金を課したことがきっかけだ。数十年間、レコード会社はまったく同じ音源から複数のヴァージョンをそれぞれ異なるクオリティで制作してきた。クオリティの高いものには高値をつけたので、音楽そのものがエリート主義的になり、最高のクオリティは一部の裕福な人々専用のものになった。

また、消費者は時代とフォーマットの変遷に合わせて、同じアルバムを何度も買わされてきた。最初はレコード盤で、次にはカセットテープで、そしてCDで、いまはさまざまなレベルのデジタルで。録音された音楽の歴史のなかでは、比較的最近の問題だ。当然のことながら、音楽ファンはレコード会社に愛想を尽かし、もはや何度も同じアルバムを買おうとはしない。

しかし、いまは二十一世紀なのだ。あるひとつのフォーマットさえあれば、録音された音楽を最高の音質で聴くことも、環境によってはそれなりの音質で聴くことも可能になった。そのことを、わたしは仲間たちと証明した。これから詳しく書いてみよう。

CD

CDがはじめて発売された一九八〇年代には、だれもがすばらしいサウンドだともてはやした。ブツッという音も、カチッという音も、サーッという音も、プツッという音もしないと思われていた。だがほどなく、CDにも問題があることに、多くの人々が気づいた。カチッという音やプツッという音がすることもあれば、何度もそれが繰り返されることもある。わたしはCDを聴くようになり、倍音や空気感やエコーや微妙なニュアンスに耳を澄ましてみたが、ほとんど聴き取れなかった。そこにあるのは、音楽の上澄みだけだった。深みがなかった。音楽の魂は深みに宿るのに。

CDが出まわるようになり、聴く機会が増えた一年のあいだに、わたしにはその限界がどんどんわかるようになった。何年も音楽を作り、レコードを仕上げる際に何日も何時間もかけてミキシングというプロセスを経験してきたから、わかったことだ。わたしはアナログテープを使ってミキシング作業をしていた。長年そうしていたので、わたしは音楽の肌触りもミキシングのプロセスも理解していた。

ミキシング

ミキシングとは、マルチトラックレコーダーで録音されたさまざまなトラックのバランスを考え、2トラックに移行し、ステレオあるいはモノラルに合成する作業だ。はじまりは、8トラック〜32トラックだ。1トラックに六本のマイクを使うこともある。ボーカルと複数のパートをそれぞれ個別のトラックに録音し、のちにブレンドする。楽器の音もブレンドして、最終的な作品、つまりすべてのトラックのバランスを取ってブレンドしたマスターテープが完成する。普通、この段階ではすばらしいサウンドになっている。

ミキシングはやりがいのある作業だ。音量を変えたり、イコライザーで調整したり、残響音をくわえたり、残響音を取り除いたり、音を左に置いたり、右に置いたり、中央に置いたり、あるいは中央左寄りや中央右寄りに置いたり、音が動くように左右にパンしたり。残響音にディレイをかけると、分厚いサウンドになる（フィル・スペクターがジャック・ニッチェの作品にこの手法を使っていた。彼は一九六〇年代に〝ウォール・オブ・サウンド〟という手法を開発した。残響室《エコーチェンバー》で大人数のミュージシャンが一斉に演奏して一発録りするという音楽制作の手法だ。この手法で録音すると、マイクがあらゆる残響音を拾う——そして、そのすべての音がひとつのミックスにまとまる）。

それらの音を――残響音や空間の広がる感じや各トラックのニュアンスをCDから取り除けば、なにかが足りないと感じるかもしれない。だが、本物を聴いたことがなければ、なにがなくなったのかはわからない。

録音史上のふたつの時代

一九八〇年代以前は、8トラックから32トラックまでのマルチトラックのテープレコーダーはアナログで、やはりアナログのステレオ音源や、さらに昔にさかのぼればモノラル音源にミックスしていた。そうやってマスターテープを作っていたわけだ。

デジタル時代に入ってまず変わったのは、CD用のレコーディングセッションで、デジタルのステレオ音源にミックスするようになったことだ。当時の機器では、すべてが44・1キロヘルツ／16ビットでサンプル化されていた。このCD音質の基準を決めたのは、一九八〇年代にソニーが発売したデジタル・マルチトラックレコーダーだ。音質はアナログと変わらない、だれも差異を聴き取れない、違いがわからない、違いがあっても聞こえないといわれていた。しかし、それはすべてマーケティング上の議論であり、現実はまったく異なっていた。当時の機器の性能の限界によって、音質は低下していたのだ。

リスナーはだまされた。わたしの友人のミュージシャンのなかにも、デジタルのほうがいいと考える者がいた。マット・ランジというすばらしいプロデューサーがいるが、彼もデジタルのほうがましだと感じていた。信号対雑音の比（SN比）が大きい、つまり雑音がなく、信号音がバックグラウンドノイズから分離されて大きく聞こえるからだという。大きなドラムの音に盛大にエコーをかけ、瞬時に止めたければ、デジタルを使ってそうすることができる。マットはデジタルのそういう面が優れていると考えた。

わたしも、高いSN比による特質はたしかにデジタルのほうが際立っていると認めるが、それ以外の面では、デジタルは劣っている。音色や音の粒といった細かい要素がすべて失われている。換言すれば、テクノロジーが新しければいいというものではないのだ。


アナログとデジタルについて、考えなければならないのは次のことだ。


アナログはオリジナルをそのまま反映しているが、デジタルはオリジナルを再構成している。

わたしはよく、そよ風の吹く、ごく穏やかな日のシャスタ湖（カリフォルニア州シャスタ郡にある貯水池）畔を例にあげる。湖面が鏡のようになり、シャスタ山が逆さまに映りこんでいるのが見える。シャスタ山の美しさが余さず映っている。頭のなかでその鏡像を逆さまにするのはたやすい。これがアナログだ。デジタルでは、こうはいかない。

もうひとつ。

想像してほしい。まず、網戸から三メートル離れたところで、向こう側を見る。じっと眺めよう。次に、網戸のすぐそばへ行き、網目で仕切られたひとつひとつの四角の色が、その四角でいちばん大きな部分を占める色に均《なら》されて見える様子を思い浮かべる。今度はあとずさり、それぞれの四角がたった一色に均されているのを想像する。どうだろうか。

網戸の小さな四角の量が解像度だ。四角が大きくなると、解像度はさがる。

高解像度は、網目の細かい網戸。

低解像度は、鶏小屋の金網だ。

デジタル音楽には、オリジナルの姿が映っていない。サウンドの宇宙がなく、湖面の鏡がない。均された小さな四角の集まりでしかなく、オリジナルと同じものではないから、敏感な身体はオリジナルと同じようには反応しない。身体は「音は聞こえるし認識できるけれど、感じない。以前のように感じない。どうなっているんだ？　聴力が落ちたのか？　年を取ったのか？　もうあの体験はできないのか？　この身体は古びてしまったのか？　なにが起きているんだ？」と、とまどう。

たとえば、あなたは十年間、戦地で銃を撃ちまくっていたかもしれない。あるいは、戦艦の艦長だったかもしれない。そのせいで、聴力が損なわれたかもしれない。ただ、わたしも経験があるからわかるが、どんなに耳が不自由になっても、聞こえる音の質には影響しないのだ。聞こえるものしか聞こえない。アナログ音源を聴けば、魔法はまだ感じられる。本物のクソもわかる。高周波数の音が、ほかの周波数にくらべて聞こえないこともあるかもしれない。けれど、聞こえる音は本物だ。

アナログに匹敵するレベルのデジタルなどあるのだろうか？　ほんとうのところはわからないが、わたしにはあるとは思えない。身体や頭はごまかせても、魂はごまかせない。理解はできる。「わあ、なんていい音だ」と思うかもしれない。１９２キロヘルツ／24ビットでＰＯＮＯを、あるいはＮＹＡのハイレゾストリーミングのＸストリームをフルレゾリューションで、一流のスピーカーを通して聴くと、わたしもいいサウンドだと思う。だが、それはもとの音楽と同じ感じがするのか？わたしはそうは思わない。いや、まったく思わない。

アナログカセット

カセットテープは一九七〇年代から八〇年代はじめにかけて広く普及し、その時代なりの音質で音楽を聴き、持ち運ぶことができた。しかし、オリジナルよりヒス音が増えていた。レコードやマスターテープほど、迫力のある大きなサウンドを聴くこともできなかった。いいハイファイシステムでカセットを聴くと、シシシシシというノイズからはじまり、そのあと音楽がはじまる。テープがゆっくりと動き、バックグラウンドノイズのほうが大きかったからだ。それが当時のテクノロジーの限界だった。それでも、充分な音量で音楽がはじまり、信号（音楽）対雑音（シシシシシシ）の比が充分に大きければ、オリジナルの鏡像の鏡像の鏡像くらいは聞こえた。鏡像の鏡像の鏡像とは、オリジナルのレコーディングからカセットテープが作られるまで、それくらいの世代を経ていたという意味だ。

とはいえ、カセットテープはＭＰ３のようなしろものにくらべれば別世界のものといっていい。ＭＰ３は原盤そのものでもなければ、原盤の写しでもない。たぶん、デジタルで再構成したものをさらに八回ほど削ったものだ。醜悪な音が大衆消費者に売られていたし、いまもそうだ。

はっきりとした違い

そう、デジタルとアナログには、はっきりとした違いがある。アナログの原盤にはかなわずとも、いいデジタル音源を作ることはできる。ただし、いいデジタル音源を平均的なアナログ音源と同じレベルにするには、相当な努力が必要だ——相当な努力をしても、まだ追いつけないくらいだ。ハイレゾのデジタル音源は、精確でクリアで、いい音がするかもしれないし、リスナーは「わあ、なんていい音だ！」と思うかもしれない。だが、座って繰り返し聴き、アナログとデジタルを交互にかけるうちに——音楽を頭で分析するのではなく、魂で聴けば——アナログのほうに傾くだろう。どうしたってアナログのほうが満足できるのは、サウンドを丸ごと身体に伝えてくれるからだ。魂に伝えてくれるからだ。それこそが音楽の魔法だ。

ひとりの人間のなかでも、音楽に対する反応は身体の場所によって異なる。頭と魂の反応は違う。たとえば、こんなふうに。

わたしは一九八〇年代に作った『リアクター』という作品を聴いていた。その作品は、長いあいだCDで聴かれていた。その後、それをハイレゾストリーミング用に、192キロヘルツのデジタルヴァージョンにリマスタリングすることになり、アナログの原盤を聴いた。わあ、なんていい音だ！　そうして、アナログ原盤から192キロヘルツ／24ビットのハイレゾデジタル原盤を作った。最高のデジタル品質だ。音はすばらしいし、便利だった——が、オリジナルとは別物だった。

以前、アナログでステレオのマスターテープを作るときは、オリジナルのマルチトラックのテープをミキシングして、できる限りいいサウンドに改良していた。わたしはステレオのマスターテープを作るためのトラックダウンには時間をかけなかった。アナログテープはたちまち劣化しはじめるからだ。最初に聴いたときはすばらしい音でも、繰り返し再生機器のヘッドの上を通るうちにテープは劣化する。機器を完璧に調整していても、音の一部を拭い取ってしまい、テープはどんどんだめになってしまう。わたしは経験上知っているが、リミックスを翌日にした場合、機器の状態が完璧でなければ、三度四度と聴きなおしたのちに、あれ、ゆうべ作った最初のラフと聴きくらべてみよう、と思うようになる。あげく、今日作ったもののなかに、ゆうべ聴いたものが残っていないことがわかる。たったいま完成した改良版より、ラフのほうがずっといい音がするのだ。われわれの作業のやり方がまずかったからではない。テープを何度もヘッドの上で走らせたせいだ。わたしがオリジナルの〝ラフミックス〟を何本も用意していたのは、あとでリミックスするときに魔法を取り戻せないからだ。わたしのラフミックスは、マルチトラックをはじめて再生したときの音をとらえていた。

わたしはアナログでレコーディングし、音をアナログからデジタルへ直接移行させた。最初からデジタルでレコーディングし、それぞれの結果をくらべてみることもした。結局、長い目で見れば、アナログのほうがいい音だとわかる。『リアクター』のレコード盤を作ったときもそうだった。まるで夜と昼のように違い、192キロヘルツ／24ビットのデジタルよりいい音がする。ほんとうにすごいのだ。音楽に没頭する。耳を傾ける。身体に音がみなぎる。本物だ。消毒された貯水槽の水ではなく、自然に湧き出る泉の水を飲むようなものだ。なにも損なわれていない。そこが違う。

デジタルの時代

われわれはデジタルの時代から逃れられない。オリジナルのアナログ原盤が消失してしまう前に、コピーを作ることが急務だ。あと数十年もすれば、コピーを作ることができなくなる。失われたものの大きさに気づいたときには手遅れで、二度と取り戻せない。しかし、レコード会社はクズを売りつづけ、ハイレゾに法外な値段をつける。

わたしの願いに、レコード会社はどう反応したか？　いまのところ、なにも反応はない。話し合いをした経営者たちは、わたしの考えに賛同してくれたが、彼らになにができる？　多くの人々は低価格で低品質の素材を求め、満足している。わたしはさまざまなレコード会社の幹部に、ハイレゾのコンテンツからどれだけ儲けているか、経理部門に尋ねてほしいと懇願した。実のところ、レコード会社はハイレゾのコンテンツからどれくらい利益を得ているのだろうか？　音楽に値段をつけ、会社が儲かるようにしているのは経営者たちだ。彼らは高音質の音源には高価格を、並の音質のものにはそれなりの価格を、そしてひどい質のものには低価格をつけることにした。

すると、人々は安価で便利だから質の悪いものを買う。高い値段を払っていいものを手に入れようとする人は少ない。レコード会社は、高音質のコンテンツからたいして利益をあげられない。その結果、レコード業界の外にまで悪影響が広がる。

高音質のコンテンツが売れず、入手も難しいとなれば、ほとんどのハードウェア、とりわけスマートフォンは、低音質のコンテンツを聴くために設計されることになる。レコード会社がハイレゾ音源にほかの二倍から三倍もの値段をつけるので、売れない、マーケットがない。よって、ハードウェアのメーカーは、ハイレゾ音源を再生する製品を作りたがらない。

そしてそのあいだずっと、アナログ原盤は保管庫にしまいこまれたまま、日々劣化し、なんらかのきっかけで物理的に壊れる恐れが出てくる。そのきっかけとは、火災かもしれないし、あるいは庫内温度を調節するエアコンの故障かもしれない。マスターテープはほとんど生き物のようなものだ。年を取り、寿命がある。世話をしなければ、死んでしまう。水をやらなければ枯れてしまう花と同じだ。

レコード会社が利益を重視するのはもっともだ。彼らとて、音楽の遺産を残したくないわけではない。やはり音楽を愛している。ただ、社内で金勘定ばかりしている連中が音楽をだめにしているのをわかっていない。値段をつりあげすぎだとわかっていない。本来なら、すべてのコンテンツの値段に差をつけないようにして、会社に利益をもたらしてくれた音楽を救う**べき**なのに。

わたしがＮＹＡのウェブサイトでやっているのはそれだ。解像度にかかわらず、デジタル音源を一律一ドル二十九セントで配布している。ＭＰ３だろうが、１９２キロヘルツ／24ビットのデジタルだろうが、変わらない。すべて同じ値段だ。解像度にかかわらず一律の値段をつけることをレコード会社に交渉できたのは、信頼関係があるからだ。彼らが納得したのは、わたしの判断を信じてくれたからであり、わたしがそれだけの信頼を得てきたからだ。五十年間、ともに仕事をしているからこそ、彼らはわたしのしたいようにさせてくれる。

ストリーミングの改良

ジェイ・Zは、自身がオーナーのストリーミング配信サービス、〈タイダル〉でストリーミングの音質を向上させた。わたしは、タイダルの努力は認めるものの、そのテクノロジーをよしとしない。タイダルが導入したマスター・クオリティ・オーセンティケイテッド（MQA）には、限界がある。画期的で重要な技術と考えている人たちもいるが、わたしはそうではない。音楽をいじるべきではないというのが、わたしの信念だ。オリジナルの音を再生する。それだけでいい。そのほかに必要なものはない。音楽とリスナーのあいだになにかを追加しても、いい音になるわけではないのだ。

MQAも、オリジナルの音をいじり、所有権をもあやふやにするフォーマットにすぎない。もはや陳腐化している――MQAが必要とされた時代は終わったのだ。われわれはいま、フォーマットから自由になろうとしている。あらゆる原盤を本来のクオリティで、あるいはストリーミングのビットレートが許す限りの品質で再生することのできる方法がひとつあればいい。それが、ハイレゾのデジタルだ。

今後はどうなる

デジタルの時代に入ってしまったことは拒否できないし、音楽は今後ずっとデジタルでありつづけるだろう。その流れを変えることはできない。アナログ時代は遠くになりにけり。アナログ時代は過ぎ去った。

だが、いまあるものを維持したければ、それが手に入るうちにコピーを、それも最高レベルのデジタルで作るべきだし、最高の状態で保存するべきだ。なぜなら、音楽は消失しかけている——いまこうして話しているあいだにも、どんどん失われていく。だから、わたしは行動している。音楽を消失から救うために。録音された音楽という芸術を守るために。音楽を感じるために。

Chapter 4 / Phil

第４章／フィル・ベイカー

ニールはひとりではなかった

音質の劣化を心配していたのは、ニールだけではなかった。クレイグ・コールマンも、ニューヨークの実家に住むティーンエイジャーだった一九八〇年代初期に、同じことに気づいていた。彼は十二歳のころからレコード盤を収集しはじめた、熱心な音楽ファンだった。ハイスクールに入ると、放課後や週末にパラディウムやダンステリアといった有名なナイトクラブでＤＪをするようになった。すでに大量のレコード盤を所有し、ＤＪの報酬でさらにレコードを買い、オーディオ機器を手に入れた。そのころ彼は、メジャーレーベルが開発した新製品が、デジタル技術を使ったすばらしいサウンドで音楽業界に革命を起こすものらしいと知った。

コールマンは興味津々で、コンパクトディスクと呼ばれるそのハイテクな新製品を聴くのを心待ちにしていた。ＣＤが発売されると、彼は手に入る限り最高級のプレイヤーと、数枚のＣＤを買った。そして、音をくらべるために、新しいプレイヤーの隣にターンテーブルを置き、どちらもミキサーにつないでスイッチひとつで切り替えられるようにした。彼が買ったＣＤは、ニール・ヤングの『ハーヴェスト』、レッド・ツェッペリン、スライ&ザ・ファミリー・ストーン、フリートウッド・マック、タジ・マハールなど。すべてレコードとＣＤを交互に再生し、メモを取りながら真剣に聴きくらべた。

いつものように、レコードの音は温かく音楽的で、幸せな感情をもたらし、彼の肌を粟立たせ、背筋をぞくぞくさせた。ところが意外にも、まったく同じアルバムのＣＤに切り替えると、なにひとつ感じなかった。ＣＤの音は冷たくとげとげしかった。

コールマンはショックを受けた。レコードやカセットテープよりはるかに質が低いＣＤを、業界が音楽産業の未来だと宣言していることにぞっとした。

それを境に、彼はいっそうレコード収集に励むようになり、いまでもある使命に取り組んでいる。ＣＤでは新しい音楽を最高の音質で聴くことはできないので、彼は世界中の音楽をアナログレコードで所有することにした。彼のコレクションは、レコード盤という、強く心を揺さぶる形態のもの

クレイグ・コールマンとニール（撮影 = ヴィンス・ブッチ）

で占められている。彼にいわせれば、アナログレコードは現時点でなによりも本能と身体と心に訴えかけ、力強い反応を引き起こすメディアだ。ＣＤは粗末な代替物に過ぎず、だからレコードはますます重要になっている。

コールマンは、録音された音楽の歴史をまとめはじめた。図書館や書店を訪れ、このテーマに関する書籍を片っ端から買い集め、あらゆるジャンルの鍵となるアーティストを研究し、それらのアーティストのレコードのディスコグラフィを完成させようとした。当時、たとえばニール・ヤングは三十七枚のアルバムを発表していた。コールマンはリストを作り、三十七枚すべてを購入した。あらゆるジャンルの有名アーティスト全員に同じことをした。ロック、ジャズ、ソウル、ブルーズ、フォーク、ディスコ、レゲエ、ワールドミュージック、エレクトロニック、サウンドトラック、なにもかもだ――そして、ひとつ残らず購入した。

彼のレコードコレクションは、いまでは百十万枚に及ぶ。個人のコレクションとしては、世界有数の規模だ。音楽への愛と、元の演奏をそのままの音で保存したいという欲求が、収集の原動力になっている。

ブラウン大学を卒業後、コールマンは自身のレコード会社、〈ビッグ・ビート・レコーズ〉を立ちあげ、マンハッタン中の個人経営のレコード店をまわってレコードを販売した。ビッグ・ビート・レコーズは、設立一年目は総収益五万ドル、従業員数一名の会社だったのが、三年後には二百万ドルにまで成長した。一九九一年、会社はワーナーミュージック・グループに買収され、コールマンは現在、傘下のアトランティック・レコードの最高経営責任者だ。

一九九〇年代初頭、ビッグ・ビート・レコーズの買収にともない、コールマンはワーナーの社員になったが、真に最高のサウンドより利益と利便性と物理的な耐久性を優先する業界のなかで、サウンドのクオリティを守るためにひとり奮闘しなければならなかった。音楽業界がアナログレコードを殺してCDに転換したことは、本物の音楽好きに対するひどい仕打ちだったというのが、彼の変わらぬ持論だ。

Chapter 5 / Neil

第5章／ニール・ヤング

PONOの誕生

スタジオで聞こえる音とCDから聞こえる音をくらべ、わたしはいつも思っていた。ああ、ほんとうにまずい方向に進んでいるぞ。年月が流れ、携帯電話でMP3の音源を聴くと、CDよりもっとひどかった。さらにその後広まったストリーミングサービスは、史上最低の音質だった。われわれは音楽を繰り返し破壊しつづけている。

わたしはかつて、ストリーミングでハイレゾ音源を配信することはできないだろうと思っていたので、選択肢からはずしはしなかったものの、高音質のダウンロードと高機能の音楽再生プレイヤーが目指すべき方向だと考えた。振り返れば、わたしは間違っていた。しかし、ハイレゾ音源のストリーミングを実現するテクノロジーが登場するのは、その数年後だ。そのあいだずっと、わたしにはわかっていた。このままではまずい！

最初の解決策

いよいよなんらかの解決策を考案しなければならないと、わたしは考えた——リスナーが可能な限り高音質で音楽を楽しめるようなプレイヤーとダウンロードストアはどうだろう。音楽ファンが最高の音源をいっさい妥協のない音質で聴くことができるような、便利な方法を可能にするシステムを作りたい。いまこそその時期だ。

わたしは付き合いの長いワーナーミュージック・グループへ赴き、音楽プレイヤーを開発して、ハイレゾ音源をダウンロードするサービスを開設したいと相談した。何年も前から業界で起きていることについて不満を訴えていたので、会社はわたしの思いをよくわかっていた。わたしは、アップルやアマゾン・ドット・コムやグーグルのように、ワーナーが所有している音源を再発したい、ただしハイレゾのみで、と話した。レコード会社はそのころすでにＩＴ企業と契約し、音楽を売ってもらい、売り上げの何割かを払っていた。わたしの目的もそれだった。

当時のワーナーミュージックの社長、ライアー・コーエンは、わたしをクレイグ・コールマンに紹介してくれた。ライアーによれば、クレイグも以前からわたしと同じ懸念を表明し、ワーナーの内部でも音のクオリティを守ろうと戦っているので、協働するには最適の人物だろうという話だった。

わたしは心底クレイグを気に入った。ほんとうにいいやつだ。録音のクオリティを理解し、音楽ビジネスに参入して以来、ひとりで戦いつづけていた。みんながもっといい音で音楽を体験すべきだという点で、彼とわたしは意気投合した。

メリディアンのボブ・スチュアートの登場

クレイグは、別のワーナーの幹部、マイク・ジェバラとともに、イギリスの高級オーディオ機器メーカー、メリディアンの創業者、ボブ・スチュアートを紹介してくれた。クレイグもマイクもスチュアートと親しく、たしかメリディアンに投資もしていた。スチュアートは音質を向上させるアイデアを持っているし、関心が共通しているので、協働できるかもしれないと考えたのだ。

スチュアートは長年、音質を低下させずにハイレゾの音楽ファイルを圧縮する方法を模索していたが、その新しい技術を提供してくれることになった。一九八〇年代には、メモリのコストが音楽プレイヤーの設計に影響する一大要素で、使用メモリを減らすために音楽を圧縮しなければならなかった。つまり、残念だが音質を大幅に低下させなければならなかった、ということだ。

アップル

東芝が開発した直径五センチにも満たない5ギガバイトのハードディスクドライブを搭載し、初代iPodが発売されたのは二〇〇一年後半のことだ。アップルは自社の新製品に大規模な音楽コレクション――アルバム数千枚分――を保存できるようにしたいと考えたが、そのためには音楽ファイルを十二分の一に圧縮するファイルフォーマットが必要だった。

大量の楽曲を高価なメモリとともにポケットに入れて持ち運ぶ、というアイデアに導かれた判断が、現在でも音楽のクオリティに甚大な影響を及ぼしつづけている。音楽の劣化が避けられなくても、アップルは自社のテクノロジーに合わせて音楽ファイルを縮小した。MP3と呼ばれるそのファイルフォーマットは一九九三年に発表され、シェアサイトによって広まった。

メリディアンの解決法

スチュアートの話では、メリディアンはＭＰ３で音質が損なわれている状況を変えようと、ファイルサイズを圧縮する新しい方法を模索してきたという。わたしは、いまではメモリのコストがさがり、これからもその傾向はつづくはずだから、もはや圧縮方法の問題ではないと、何度も伝えた。だが、彼はその仕事に長く携わりすぎたせいか、必要以上にこだわっているようだった。それでも、新しい方法によって、わたしの音楽プレイヤーは類を見ないものになるはずだ——大量のメモリを必要としないハイレゾ。それに、スチュアートはわたしの所属レコード会社の支援を得ていたし、わたしはスチュアートの協力を必要としていた。

われわれはニューヨークで会い、弁護士に提携契約の土台を作成させた。スチュアートの具体的な動きがいつまでたってもわからなかったが、わたしは、効率よく音楽をダウンロードし、携帯電話やポータブルプレイヤーで効率よく再生できるようにするには、彼の協力が不可欠だと考えていた。

PONO発進

わたしは事業をスタートさせるにあたり、数人の協力者を募った。そのなかに、起業家のマーク・ゴールドスタイン、ソフトウェアエンジニアのジェイソン・ルーベンスタイン、優秀な工業デザイナーのマイク・ナトルがいた。

われわれは、音楽プレイヤーと、専用コンテンツを販売するダウンロードサービスを並行して開発しようと話し合った。完璧なものを作りたい。われわれの視野は広く、決意は固かった。カリフォルニア州北部にあるわたしの農場でミーティングをし、そのたびにスチュアートはイギリスからエンジニアを連れてきて、彼にできることを語った。しかし、しばらくしても、正式な提携契約は結ばれなかった。われわれがなにに合意したのか、だれがなにをするのか、いつまでたっても曖昧なままだった。

わたしは何度もマネージャーのエリオット・ロバーツに「契約書はできたのか？　スチュアートはわたしたちとやるつもりがあるのか？」と尋ねた。だが、契約書はない。とうとう、わたしはこんな状態をつづけるわけにいかないと伝えた。ただ話し合うだけでなく、前に進まなければならない。前に進み、ダウンロードストアとハイレゾに特化したプレイヤーを開発しなければならない。

そんなわけで、われわれは前進し、会社を設立した。ワーナーが五十万ドルを、わたしがその半分を出資し、会社の権利を半分ずつ所有することになった。これでようやくはじめられる。わたしは会社を〈ＰＯＮＯミュージック〉と名付けた。ポノとはハワイの言葉で「真っ当」をあらわすわたしの大好きな言葉であり、われわれの精神を体現している。

われわれはどんなハードウェアを作るか議論を重ねた。ディスプレイの有無、独立した機器にするか携帯電話に接続するのか。ちょうどそのころ、ｉＰｈｏｎｅが爆発的に売れはじめ、ｉＰｏｄの代わりをするようになった。ｉＰｈｏｎｅを活用するというアイデアには大きな魅力があった。なぜなら、ｉＰｈｏｎｅはすでにわれわれの必要とするものを搭載していた。大きくて鮮明なタッチディスプレイにオペレーティングシステム、ユーザーインターフェイス。まさに、ポケットに入るコンピュータだ。

だが、ｉＰｈｏｎｅの電子回路はデジタル音楽ファイルを再生するのに充分ではなかった。現在でも、ほとんどの携帯電話がそうだ。ここでいう電子回路とは、デジタル音楽ファイルをアナログに変換する回路のことだ。ヘッドフォンやスピーカーなど、われわれの耳へ音楽を届ける機器はアナログだから、デジタル信号をアナログに変換する必要がある。回路はふたつの部分で構成されている。ＤＡＣと、ヘッドフォンやスピーカーへ送られるアナログ信号のレベルを増幅するアンプだ。

まず考案したのが、ｉＰｈｏｎｅに接続する平らな箱形の機器だ。改良したＤＡＣとアンプ、大

デザインの革命となるコンセプト（マイク・ナトルによるもの）

量の音楽ファイルを保存するための大容量のメモリを内蔵する。音楽を管理し、選曲し、再生するアプリも必要だ。

わたしはいいアイデアだと思った。たったひとつの機器を持ち歩けばこと足りるし、必要な作業も削減されるからだ。しかし、このアドオンを製品化するには、アップルの協力を得られるかどうかが鍵となる。iPhoneの下部にある特殊なポートに接続する機器を製造するには、アップルの承認が必要だった。しかし、われわれが提供しようとしているのは、アップルがデフォルトで搭載している音楽アプリよりはるかに高性能のものだ――おそらく、アップルはいい顔をしないだろう。

アップルがアドオンを承認する際には、原則として完成した製品で検査することになる――それが、われわれにとって大きな問題だった。そのうえ、数機種のiPhoneやアンドロイド携帯と連動させなければならないので、製品も一種類ではすまない。わたしはスティーヴ・ジョブズと会ったことがあるので、アップルの反応は予測できた。ジョブズ自身はハイレゾのよさを認め、アナログレコードを愛好していたが、自社製品でハイレゾを再生することに興味はなく、それが音楽の退化の一因にもなっていた。顧客はMP3のクオリティにまったく不満を抱いていないと、彼はわたしの目の前でいいきった。自身のために採用する基準と、顧客のために採用する基準を区別していたのだ。ジョブズによれば、〝われわれは消費者視線の企業〟ということらしい。

第二のアイデア――PONOプレイヤー

アップルと協働するのも、アンドロイド携帯専用の機種を作るのも難しいと思われたので、わたしは独立したプレイヤーを作るほうがいいと考えはじめた。それなら、車のなかでも、家でも、飛行機のなかでも使える。いつでもどこでも音楽を聴けるように、みんなに携帯してほしい。最終的に、われわれの意見はひとつに落ち着いた。iPhone専用に設計したり、アップルのいいなりになって周辺機器を作ったりする必要はない。単体で使えるプレイヤーにしよう。

わたしはとにかく、簡便にいい音で音楽を聴く手段を求めていた。そもそも出まわっている再生機器の数自体が少ないのに、粗悪なものか、ばかばかしいほど高価なもの、なかには千ドルを超える代物のどちらかしか選択肢がない。性能のいいものは、それを買う余裕のあるエリート層だけをターゲットにしている。そんなのは大間違いだ。ハイレゾの音楽はエリートたちだけのものではない――みんなのものだ。

それから、ハイレゾ音源を売るミュージックストアも必要だ。デジタルミュージックストアはいくつかある。わたしの知る限り、最良のストアはHDトラックス（www.hdtracks.com）だ。しかし、オーディオマニア向けのテクノロジーの例に漏れず、使い方が煩雑で、普通のリスナーは蚊帳の外だ。アルバム一枚買うのに、何種類ものフォーマットから、それもわたしですらときどきわからなくなるような見慣れない略語が並ぶなかから選ばなければならない。そのうえ、ハイレゾのアルバムから一曲を買うことはできない……。わたしの店では、どんなアルバムも最高の解像度で売る、それだけでいい。

そんなわけで、われわれは取捨選択を繰り返したあげく、PONOの最終形態を決定した。それは、手頃な価格で、極上のサウンドで、最高の解像度のコンテンツを手軽に購入できる、というものだ。われわれならだれも成功していない領域で成功できると思っていたわたしは単純だったのかもしれないが、こんな視点を持っているのはわれわれだけだと感じていたし、いい音で音楽を発見したい、聴きたいと願っている人たちに、ほんとうに役に立つものを提供できるような気がしていた。

PONOを成功させるには、メジャーレーベル——ワーナーミュージック・グループ、ソニーミュージック、ユニバーサルミュージック・グループ——と契約し、われわれの店で音楽を売る許可を得なければならない。この契約の内容次第で、資金がどれくらい集まるかも決まる。たった一社と契約を結ぶくらいではだめだ。

エリオット・ロバーツ

アップルやアマゾン・ドット・コムに代表されるように、多くのＩＴ企業が自前のミュージックストアを持っているが、販売権を得るために莫大な資金を投入していた。幸い、信頼関係やわたしに対する評価、業界での知名度がものをいい、わたしはそこまでの金額を課されることなく、三大メジャーレーベルから楽曲の販売権を購入することができた。ただ、契約に至るまでの実務作業は膨大で、何度も交渉し、弁護士に高い報酬を支払わなければならなかった。だれよりも苦労したのが、わたしのマネージャーのエリオット・ロバーツだ。

契約の締結は、長い道程のなかのマイルストーンだ。わたしは、ＰＯＮＯミュージックを立ちあげることができたのはレコード会社の支持のおかげだと思っていた。ただ、わかってくれていたかどうかは知らないが、よりよい音楽を世界中に広めることで、私自身も彼らの役に立とうとしているつもりだった。

振り返れば、ワーナーがＰＯＮＯミュージックの所有権の五〇パーセントを要求してきたのは、わたしにとって不意打ちを食らったようなものだったが、おそらくよくあることなのだろう。一年後、ワーナーはストックオプションを行使せずに共有権を失うと、とたんに騒ぎだした。当時のワーナーのＣＥＯで、現在はＹｏｕＴｕｂｅの音楽部門を世界的に統括しているライアー・コーエンは、逆上して電話をかけてきた。だが、エリオットはいい放った。「あんたたちは用なしだ。オプションを行使しなかっただろう。うちの会社の半分は、以前はあんたたちのものだったが、もう違う」ワーナー幹部は激怒したが、彼らがこれ以上ＰＯＮＯのためになにかをしてくれることはないと、われわれは思い知った。

そんないきさつがあり、わたしは助言者を探しはじめた。このような会社を経営した経験がないので、助けが必要だった。わたしは、ハワイで小さな投資会社を経営しているジジ・ブリソンを頼ることにした。やはりわたしの友人で、セールスフォースのＣＥＯマーク・ベニオフが、彼とジジの法律顧問をしているリック・コーエンを紹介してくれた。マネージャーにして、そのときすでに五十年近く友人として付き合ってきたエリオット・ロバーツが、ＰＯＮＯミュージックで大きな役割を担った。ほかのだれよりも業界を知っていたし、われわれが前進するには不可欠の存在だということはたしかだった。エリオットを最高執行責任者（ＣＯＯ）に、そしてわたしが最高経営責任者（ＣＥＯ）に就任した。

それから半年、ものごとはなかなか進捗せず、われわれは多額の資金を注ぎこんだ。わたしは、製品開発と弁護士の顧問料があれほど高くつくとはわかっていなかった。プレイヤーの開発にぐずぐずと時間がかかっているように思え、わたしは次第に苛立ちはじめた。さまざまな選択肢を提示され、ほとんどわけがわからないまま、どれかを選ぶよう迫られた。優秀な仲間は何人もいたが、製品開発の真のリーダーがいなかった。一年後、とうとう資金が尽きかけていると報告を受けた。多くのものを費やしたのに、製品の影も形も見えてこない。自分がなにを求めているのかはわかっていたが、そこへたどり着くまでが挫折の連続だった。エリオットとクレイグと話し合うと、方向転換が必要だということで三人の意見は一致した。わたしは、わたし直轄の、そしてさらに強力な開発チームがほしかった。クレイグは、助けてくれるかもしれない人を知っているといった――フィル・ベイカーだ。わたしはクレイグに、彼に電話をかけてくれと頼んだ。

Chapter 6 / Phil

第6章/フィル・ベイカー

ニールに会う

すべてのはじまりは、週末にかかってきた一本の電話だった。二〇一二年二月十一日、わたしはクレイグ・コールマンから電話を受けた。彼は、いまニール・ヤングと一緒にいる、ニールがきみと話したがっているといった。アトランティック・レコードのCEOクレイグ・コールマンには、数週間前にラスヴェガスの家電ショーで出会ったばかりだった。友人のラリー・ライクに、クレイグが取り組んでいるプロジェクトで設計に関するアドバイザーが求められているかもしれないと紹介されたのだ。わたしは彼と少しだけ話した。工業デザインがテーマの自著『フロム・コンセプト・トゥ・コンシューマー』を手渡し、クレイグからはまた連絡するといわれていた。

電話を替わったニールは、音楽プレイヤーの開発をしたいのだが、なかなか進まなくてじれている、助けてもらえないかと切り出した。そして、自分のやっていることがどんなに重要か話した――文字どおり、オーディオのクオリティを救うことなのだ、と。実にそそる話だった。もちろん、ニール・ヤングと一緒に働けるのなら、どんなことでもおもしろそうに感じるだろう。

この電話がきっかけで、それまで想像もしたことのなかった冒険の旅に何年も連れ出されることになった。製品開発というなじみのある分野から、音楽エンターテインメント業界という未知の領域を目指し、ニールとすばらしい友情を育む旅だ。キャリアのほとんどを家電業界で過ごしたわたしは、有害なテクノロジーが音楽に悪影響を及ぼしていることを、まったく新しい視点で見つめることになった。

翌週の火曜日、わたしはサンフランシスコへ飛び、ニールと彼のチームに会い、プロジェクトの話を詳しく聞いた。数日前からデジタルオーディオの設計に関する資料を読みこみ、記憶を刷新し、サンプリングレートやビット深度、DAC、FLACといった専門用語を学んだ。

オーディオについてまったくの門外漢だったわけではない。かつてはオーディオが趣味で、マサチューセッツに住んでいたころは高級なハイファイ機器もそろえていた。当時はケンブリッジにあるポラロイド社の製品設計エンジニアだったが、社屋から徒歩で数分の場所にＫＬＨやアコースティックリサーチなど、伝統的な音響機器メーカーがあったので、新製品が発表されるたびに足を運んだ。アコースティックリサーチのスピーカーシステムＡＲ－３ａ、フィッシャーのレシーバー、デュアルのターンテーブル、ナカミチのテープデッキ、ＫＬＨのオールインワンコンポーネントを愛用していたものだ。レコードのコレクションもちょっとしたもので、とても大事にしていた。

購入した機器のなかでも思い出深いのは、ソニーの初代ウォークマンだ。シンプルなメタリックブルーのカセットプレイヤーで、わたしはポラロイド社の仕事でアジアへ出張するたびに、何本ものテープと一緒に持っていった。その二十数年後に初代ｉＰｏｄを買った。あれも華々しく登場した有望なガジェットだったが、ひどくがっかりさせられる代物で、貧弱な音は聴くに堪えなかった。そのころから、わたしはオーディオに興味を失いはじめた。おそらく、音質の面で魅力がなくなったからだろう。なぜ自分が音楽に興味を失ったのか、じっくり考えたことはなかったが、いま思えば、わたしは長いあいだ、ステレオシステムの買い換えをしていなかった。わが家の居間には、床置き式のスピーカーが四台、何年ものあいだ無駄に居座っていた。

ニールとどんな話をするのか、予測はつかなかったが、楽しみではあった。長年作品を聴いている有名なアーティストとともに仕事をすることができるかもしれないと思うと高揚した。毎年カリフォルニア州マウンテンビューでおこなわれていたブリッジ・スクールのコンサートで彼のライヴを何度か観たことがある。一度、ニールがサイモン&ガーファンクルに出演を依頼し、貴重な再結成となったのを覚えている。

ニールとの面会に先立って、息子のダンから——サンフランシスコの北のマリン郡で、妻と経営するレストランのシェフをしている——レストランで有名人をもてなした経験にもとづいた助言をもらった。彼は真剣な口調でいった。「ニールに会ったら自然に振る舞うんだ。普通の人と会っているみたいにね。へつらったりぺらぺらしゃべりまくるんじゃなくて、いつもの父さんでいればいい。有名人はそういうのが好きなんだ。それから、なにがあっても写真やサインをねだっちゃだめだ!」

わたしはサンディエゴからサンフランシスコへ飛び、レンタカーを借り、ニールの農場を目指した。やがて、シリコンバレーの西の境界となるサンタクルーズ山脈にまたがる二車線のハイウェイに入った。車で四十五分の道のりだ。指示どおり、町のランドマークである〈アリスのレストラン〉の駐車場に車を止めた。駐車場は、何台ものバイクと、それよりは少ない自家用車やトラックで混んでいた。あたりを見まわすと、大きなキャデラックのSUVの運転手がわたしを手招きした。わたしを後部座席に乗せ、SUVは走りだした。

いくらも進まないうちに、セコイアの林のなかを走る細い道路に入った。曲がりくねった半舗装の道を十キロほど走るあいだに、周囲の風景は、林と開けた野原が交互につづいた。ときおり車を路肩に止め、対向車を通さなければならなかった。二カ所の電動式ゲートをくぐり、広大な敷地のなかにある数軒の家の前を通り過ぎると、ついに目の前に牧草地が広がった。ニールの〈ブロークン・アロー・ランチ〉だ。いったん車を止めてアルパカと牛の群れをやり過ごし、木の橋を渡って木立を抜けると、前方右手にニールのオフィスがあった。平屋のログキャビンの前には古風なガソリンポンプ、その隣にニールの膨大なクラシックカーコレクションの一台である古いキャデラック。裏には古い貨物列車の乗務員車両を改造したオフィスがあり、隣に大きな納屋があった。あとでわかったのだが、納屋のなかには大きな鉄道模型のジオラマが設置されていた。わたしは、ニールとエリオット・ロバーツに握手で歓迎された。ニールのマネージャーであるエリオットも、ジョニ・ミッチェルやボブ・ディラン、トム・ペティといった有名アーティストのマネージメントをしてきた伝説的人物である。

建物のなかは広いワンルームで、薪ストーブがあり、隅にデスク、手前に会議用テーブルという配置で、奥に修復した自動車が三台並んでいた。挨拶を交わしながら、わたしはニールに自著を渡した。クレイグ・コールマンが到着すると、われわれはテーブルを囲み、ニールが作ろうとしている製品の話をした。

ニールは、テクノロジーは進歩しているのに音質が退化していることに不満を抱いていた。音楽が利便性とコストのためだけに圧縮されている。機会があるたびにそう警告してきたし、みんなが音質のいい音楽を体験できるように、なんとかしたいのだ。彼はそんなふうに話した。

それから、このプロジェクトには時間がかかりすぎていて、音楽プレイヤーの設計と開発を加速させるためにわたしの助力が必要だという話があった。ニールと所属レコード会社のワーナーミュージック・グループが、すでに百万ドル近い資金を注ぎこんでいるにもかかわらず、パワーポイントのプレゼンテーションばかりあがってきて、なんの成果もないことに苛立っているという。彼らはシリコンバレーの大手設計コンサルタント会社を使っていたが、ほとんど進捗していないらしい。

さもありなんと、わたしは思った。長年、複数の企業で製品開発に従事していたので、シリコンバレーには、顧客の経験不足につけこみ、できない約束をして多額の報酬を得る大手設計会社が多いのを知っていたからだ。徹底した仕事をしているように見せかけ、顧客の予算が限られていることなどお構いなしで、二倍の報酬を取り、二倍のコストをかける。いい仕事をする会社も多いが、しっかり監視しなければ、プロジェクトのコストがたちまち倍増しかねない。

わたしは自身の経験から、熟練した少数精鋭でチームを組んでプロジェクトを進めればニールを助けることができると思った。だが、わたし自身のオーディオの知識をもっと磨く必要があるのはわかっていた。ヘッドフォンやイヤフォン、スピーカーを開発した経験はあるが、このレベルのものははじめてだ。業界にインパクトを与えるほどの製品とは？　ゴールは遠く、大きなチャレンジだ。

家電製品の設計管理がわたしの専門だ。そこでは、コンセプトの初期段階から人材を集めてチームを作り、複雑な設計をするところから大量生産までを管理する。何十回となく経験したことだから、まったく気負いはなかった。鍵となるのは、適切なメンバーを引っぱってくることができるかどうかだ。特殊な分野で経験を積んだ有能なエンジニアが数人いればなんとかなるだろう。ニールにとって大きな意味のある製品の開発に貢献できる機会など、これを逃せば二度とない。

レコーディングスタジオで聞こえる音と同じクオリティで音楽を聴く手段を音楽ファンに提供することが重要なのだと、ニールは語った。アナログレコードはスタジオで録音した音楽を忠実に再現していたのに、それがデジタルＣＤに〝進歩〟したとたん、音の情報量も音質も損なわれてしまった。さらに、アップルがｉＰｏｄで利便性を音質よりも優先したため、サウンドはますます悪化した。事実、若い世代の多くはまともな音で音楽を聴いたことすらない。その状況をなんとかしたいのだと、ニールは力説した。

われわれはハイレゾで再生できる音楽プレイヤーの開発をどのように進めるか話し合い、わたしは自分のやり方を説明した。必要なのは、インダストリアルデザイン、音響を含めたエレクトロニクスの設計、ファームウェア、製品デザインをそれぞれ担当する少人数のエンジニアチームだ。それから、ユーザーインターフェイスを作るためのソフトウェアエンジニアも。

心当たりは何人かいた。彼らが参加してくれるなら、製品作りがはるかにスピードアップし、いままでよりコストも削減されるのは確実だ。わたしは数日後にはニールとエリオットとクレイグに計画書を提出すると約束した。

農場を出る際、ニールは来てくれてありがとうといい、協働できるのをよろこんでいる様子でわたしをハグした。最後に、彼はわたしに尋ねた。さっきの本にサインしてくれないか？

Chapter 7 / Phil

第7章／フィル・ベイカー

発進

テクノロジーのグローバル化の結果、ここ数年のあいだに製品開発の分野で革命が起きている。アイデアさえあれば、それを実行に移し、必要なリソースを仕入れて製品を作ることができる。とりわけ、経験豊富で優れたメーカーの協力があれば間違いない。かつてはアジアの工場とつながっているのは大企業だけだったが、現在ではほとんどだれもがそのようなリソースを使うことができる。中国はかの国一流の起業家気質と〝やればできる〟精神、製造のノウハウ、そして巨大な工場群によって、大量生産のプロセスに一大変革を起こした。いまや中国の製品は世界のすみずみに行き渡っている。

中国には、小型家電の製造業に特化した地域がある。ほかにも、コンピュータ、携帯電話、オーディオ、大型家電、電動工具、塗装など、地域ごとに得意分野が決まっている。それぞれの地域に、部品やノウハウを提供する会社が集まっているのだ。つまり、小型家電のメーカーはスケールメリットを活かして、ライバル企業と同じ工場を使って低コストで製品を生産できる。

このようなインフラのおかげで、PONOミュージックのような小さな会社も自前の工場を持つよりはるかに効率よく製品を作ることができる。製品のコンセプト作りや設計、管理、セールス、マーケティングに集中し、生産は中国の会社にまかせるわけだ。中国の製造業界で起きている低コスト化と効率化が、世界中で何百万人もの労働者を雇用している数千のスタートアップ企業を支えてきた。いわば同盟関係だ。それだけでなく、製造業の優れた効率性が呼び水となって、中国国内のクリエイティヴやエンジニアリング、マーケティングの分野でも報酬の高い仕事が増えている。大量生産ラインの組み立て、工員の養成、製品完成までの複雑なロジスティクスまで、すべて中国に依存できるからだ(＊5)。

製品開発のステップ

製品開発にはコンセプトを作るところから大量生産まで、何段階かのステップがある。どんなものを作りたいのか明確に決め、設計し、試作品を作り、テストをする。そして、マーケットのニーズを満たすことを含め、要求される水準に達するまで磨きをかける――いつだって大変な仕事だ。発売の一、二年前までにそれらのステップを完了させておかなければならないからだ。

多額の資金

製品開発に必要なことはもうひとつ、資金源の確保だ。開発そのものだけでなく、試作品を製作したり、ツールや部品を購入したりするために多額の資金が必要だが、大量生産がはじまって売り上げが立つのはまだ何カ月も先のことだ。クラウドファンディングサイトの登場により、一般の人々に支援を呼びかけることができるようになり、資金調達は以前より少しだけ楽になった。投資家を説得するよりも、ずっとシンプルな選択肢になることも多い。

しかし、クラウドファンディングで資金援助を獲得するには、必要なコストと開発から発売までのスケジュールを通常よりかなり早めにはじき出して提示しなければならない——実際に確定するのは、数カ月先なのだが。その結果、たいていのプロジェクトではコストを低く見積もりすぎ、発売日にも間に合わない。

チャンスは一度

それでも、製品開発はほんとうに心の底からわくわくする仕事だ。ルートをざっと決めただけで長い旅に出発し、細かいことはそのときどきで決めていく。思いもよらないできごとが連続し、絶えず不意討ちのような問題が持ちあがる。ときには進む方向を間違い、あるいは行き止まりに突き当たる。だが、ゴールを目指しつづければ、楽しい道のりになりうる。

ほとんどの製品開発では、複数の仕事を並行して進める。機械部門と電子部門とソフトウェア部門と、それぞれは独立していながらも連結している。最終的にはひとつにまとまり、なめらかに連動するようになる。それなのに、製品が完成し、数百数千の顧客の手元に渡ったあとに欠陥が明らかになることもあるのだ！

アイデアを形にして、大勢の人が買って使う製品を作ることからは、個人的に得るものは多い。百種類以上の製品開発を経験するなかで、解決不可能な問題が持ちあがることもあったが、ほとんどはなんとかなった。製品が売れないのは、たいてい消費者への訴え方に問題があるためで、設計や技術が原因であることはめったにない。

ニールの製品は、わたしの仕事の頂点となる。わたしには自信があった。それなりに経験を積み、そのあいだに何度も間違いを犯し、そこから多くを学んでいたからだ。しかし、この製品作りで間違いは許されない。注目度が高く、ささいなミスでニールの名声を傷つけかねないからだ。チャンスは一度きりだった。

Chapter 8 / Phil

第8章／フィル・ベイカー
開発のはじまり

一回目のミーティングから一カ月もたたないうちに、わたしはふたたび農場へ赴き、招集したチームとPONOプレイヤーをどんな製品にするか話し合った。

ニールとエリオットとクレイグは、すべてを統括したいというわたしの申し出を承認してくれた。シリコンバレーで働くメリットのひとつに、テクノロジーに関して想像しうる限りの分野で最高の専門家たちがそこに住んでいるということがあげられる。われわれ専門家はさまざまな企業で働いているので、ネットワーク作りは驚くほど簡単だ。仕事をするほどに専門家の知り合いが増えていき、求めている人材に心当たりがなくても、たいていは知り合いが紹介してくれる。わたしも、過去の仕事や界隈の評判をもとに、何人かに目星をつけていた。そして、十日間で少人数のチームを結成することができた。連絡をした相手からこれほど前向きな反応が返ってきたのははじめてだった。全員がニールとともにこの大仕事をする機会に飛びついた。説得などまったく必要ではなかった。

開発チーム

マイク・ナトルは、プロダクトデザイン会社ＩＤＥＯの元共同設立者で、当時はフリーだったが、ＰＯＮＯミュージックでインダストリアルデザインの責任者となった。わたしは三十年近く前、はじめてシリコンバレーへやってきたころに彼と仕事をした。偶然にも、彼はニールが最初に作ったチームのメンバーでもあった。わたしは彼の能力と才能を高く評価していた。製品の外見をさらに明確にするのが彼の役割となる。操作方法とインターフェイスで、ユーザーの使い心地がほぼ決まる。彼はプレイヤーの大まかな形をすでに考えていたが、構造、ディスプレイ、色、仕上げ、素材、ユーザーインターフェイス、操作方法など、細部を詰めなければならなかった。

わたしはまた、デイヴ・ガラティンもチームに欠かせないメンバーになるだろうと考えていた。

彼はアップルで働いたこともあり、わたしとともにニュートン・メッセージ・パッド（一九九三年に発売されたアップルの携帯情報端末）の第二世代を開発した。わたしの知る限り、シリコンバレーで屈指の設計者であり、アップルのスーパースターでもあった。仕事仲間として付き合いやすく、創造力が豊かで仕事熱心で、穏やかかつ几帳面で、かならず成果を出した。数年前には、バーンズ＆ノーブルの電子書籍リーダー〈ヌーク〉の一号機を作るチームでともに働いたこともある。ガラティンの専門知識は広い領域をカバーし、電子機器のコンセプトや設計、ファームウェアの開発までまかせることができた。また、携帯電話以外でアンドロイドのＯＳを使った製品をはじめて設計した人物でもある。

　数カ月後に、ガラティンのパートナーであるデイヴ・ポールセンもメンバーになった。彼はベテランの電子系エンジニアで、アップルやグリッド・コンピュータ、ネクストなど、シリコンバレーを代表する企業で働いていた。かつて従業員六十名の電子回路設計会社を経営していたこともある。ウォルター・アイザックソンが著したスティーヴ・ジョブズの伝記で、おまえたちは週八十時間しか働かないとジョブズからけなされ、仕事はちゃんとやっていると口答えしたと書かれたエンジニアが、このポールセンだ。

　最後に、機械系エンジニアのサイモン・ギャトロールが加入した。彼もわたしと同じ時期にＩＤＥＯにいたが、その後独立した。それから、マーク・ゴールドスタインとともにＰＯＮＯミュージックストアとプレイヤーのユーザーインターフェイスを担当していたジェイソン・ルーベンスタインも、同じ職務をつづけることになった。そして、オーディオの専門家はメリディアンのボブ・スチュアートだ。

どんな製品を目指すか

作りたいのは、小さくて手頃な値段で、マーケットに出まわっているどの機器よりも簡単にハイレゾの音楽ファイルを再生できるプレイヤーだった。使い方はわかりやすくなければならない。音楽を聴くのが好きな人すべてがターゲットだから、もっぱらオーディオマニアのために作られたような既存の製品とは違い、複雑ではいけない。ニールの目標は、MP3を聴いて育った新しい世代のリスナーたちに、もっとましなものを聴かせることだった。彼の娘のアンバーは、オリジナルの音を削り取ったヴァージョンを聴いているのだといわれて、だまされたような気がしたそうだ。ニールは、MP3しか聴いたことのない若者たちがPONOを使ってみれば同じ気持ちになるだろうと考えていた。

この仕事に多くのリスクが潜んでいることは、われわれみんながわかっていた。プレイヤーを設計して形にすることにリスクはない。われわれは自分になにができるか承知している。懸念されるのは、マーケットのトレンドの動きや、マーケットが音楽プレイヤーを受け入れるかどうかというようなことだった。すでに物理的《フィジカル》なメディアは衰退し、独立した音楽プレイヤーや携帯電話でデータファイルを再生する方法も使われなくなり、クラウドから直接インターネットで配信するという形で、どんどん音楽が消費されるようになっていた。アップルのｉＰｏｄの売り上げは横ばいで、やがて減少すると見込まれていた。一カ月数ドルで、もしくは広告を表示して無料で音楽を配信する会社が無数にある。ストリーミングはいい音楽の敵なのに、増加する一方のリスナーたちは気にもとめていないようだった。ストリーミングは便利で金がかからないからだ。われわれは、厳しい闘いを強いられているのをわかっていたが、音楽はもっとすばらしいものだと示すことができると信じてもいた。

ニールの情熱に引っぱられ、われわれはそれぞれの仕事に集中し、自分たちの手に負えないことで悩まないようにした。「もしも」の事態をあれこれ心配するのは簡単だが、われわれの仕事はニールに求められた最高のプレイヤーを設計し、完成させることだった。

マーケット

音楽のマーケットは、便利だが音質のひどい低レベルなストリーミングでほぼ占められていた。ダウンロードされた圧縮ファイルを再生するｉＰｏｄのようなプレイヤー、似たような仕組みのスマートフォンの音楽再生アプリ。ところが、高級オーディオ業界では、がらりと様相が変わる。顧客は、質のいい音と機器を探し求め、できるだけ高級なオーディオシステムを組む特権階級の趣味人たちだ。既存のハイレゾストアから音源を買うだけでも、暗号のような名前のついたファイル形式をいくつも知っておかなければならない。どのアルバムがほんとうにハイレゾなのか、実際より高音質に見せかけているだけなのか、見分けることは難しかった。つまり、高音質で音楽を聴くのはひと苦労だったわけだ。

ミュージックストア

われわれは、ＰＯＮＯプレイヤーと専用のハイレゾミュージックストアで、高音質の音楽を手頃な値段で手軽に楽しめる手段を提供したかった。できる限り手間をかけずに音楽を聴くために、ミュージックストアで販売するコンテンツをパソコンにダウンロードし、プレイヤーに転送する形がいい。既存のストアより使い方が簡単で、ハイレゾ重視のものになる。

ニールは、質の高い音楽を見つけるのも聴くのも易しくシンプルな方法でできる店にしたいと考えた。音楽を聴くのが好きな人たちみんなへの贈り物であり、オーディオマニア向けのマーケットよりずっと開けていると、ニールは信じていた。

ニールはプレイヤー開発とミュージックストアの構築が進みはじめたことに興奮していたものの、彼の目指す理想形はずっとその先にあった。最終的には、プレイヤーをタブレットと同期して、再生中のアルバムの詳細な情報が表示されるようにしたい。歌詞や楽曲の来歴、制作の協力者の名前、さらにアーティストに関する詳細なライナーノーツを表示するのだ。当時は込み入った作業が必要で、実現は難しかった。けれど、そのまま忘れ去られるはずはなかった。ニールがそう思い描いたからには、なんらかの方法を見つける——いますぐではなくても、いつかかならず。

Chapter 9 / Neil

第9章／ニール・ヤング

アーティストによるアーティストのためのPONO

わたしは、友人のアーティストたちにも現状に抵抗し、作品を守る手段にしてほしくて、PONOを作ろうとしていた。彼らはわたしを支持し、励ましてくれた。わたしを彼らの代弁者に選び、会社に投資したり、クラウドファンディングサイト〈キックスターター〉のキャンペーンに協力したりしてくれた。わたしはPONOがアーティストや音楽ファン、そして音楽全体のためのものだと考えていた。目標はオーディオ機器の会社を作ることではなかった。ただ会社を作るだけなら、他社のほうがよほど優れていて、慣れてもいた。わたしの会社は、リスナーの音楽体験を向上させるためになにができるかを、業界に知らしめるものでなければならなかった。

　ちょうどそのころ、ビーツのヘッドフォンが売れていたので、わたしがそれを模倣しようとしているのではないかという人たちもいた。だがそれは、ビーツの仕事も、わたしの目標もわかっていない勘違いだった。ビーツのヘッドフォンは音楽のためのものではない。流行にのっとった大衆向けの製品で、売るために低音を増幅させていて、その点ではよくできている。ヒップホップやラップを聴くにはちょうどいい。

　一方、PONOプレイヤーは精確に音を再生し、ハイレゾの音楽のよさがわかるオーディエンスがいると証明するものだ。フランク・シナトラの音楽を聴くのに、低音を増幅させる必要はない。またわたしは、リスナーが音楽を買う場と、リスナー同士で聴いたものを分かち合うコミュニティの両方を作るつもりだった。そして、その活動を支援し、オーディオマニアだけでなくごく普通の人々もハイレゾの音楽について語り合えるようにしたかった。携帯電話のテクノロジーがすべてを解決するとだれもが考えているあいだは、わたしの意見は歓迎されないかもしれないが、本来いい音とはどういうものか、もっと知られるべきだ。楽曲を認識できるだけではだめだ。音楽を感じなければならない。

　もっとも、われわれが一番手というわけではなかった。PONOの前にも、ハイレゾのファイルを再生するプレイヤーが販売されていた。しかし、とても高価なものか、あまり質のよくないものか、その両方のものしかなかった。もっとも有名なブランドは、オーディオマニア向けにハイレゾプレイヤーを製造している韓国のメーカー、アステル&ケルンだった。当時、価格は千ドル、機種によっては三千五百ドルもした。わたしは、それでは意味がないと思っていた。ハイレゾを楽しむのにますます費用がかかり、体験できるのは裕福な人だけになる。そういう人たちは（ハイレゾの音楽とともに）エリート層とされる。クオリティの高いものは、値段を高くして普通の音楽ファンには手が出ないものにすべきだというレコード会社のメッセージを後押ししているようなものだ。わたしは、最初からそれはやらないと決めていた。

われわれの目標は、ハイレゾ音源を再生するための最高のプレイヤー、それも音質で妥協せずに手頃な価格の製品を作ることだった。どうすればそんなことができるのか定かではなかったが、とにかく目標はそこに定めた。

同時に、ＰＯＮＯはＭＰ３プレイヤーのリスナーがすでに手にしているものも提供しなければならない。使いやすさ、利便性、互換性、持ち運びのしやすさだ。ＰＯＮＯでいい音を取り戻すムーヴメントを起こしたかった。音楽ファンとアーティストのためのムーヴメントだ。

友人のアーティストの多くが、以前とは違ってアルバムを高音質で録音しなくなってしまったことは、わたしにとって気の滅入る事実だった。スタジオはわずかな金を惜しんで録音のコストを削り、アーティストたちはなにも考えないか、なにもわかっていない。ファンも音のクオリティを求めないので、レコード業界も、高音質で音楽を作ることを迫られなくなった。

新しいデジタル音楽だけの問題ではない。音楽の歴史に関わる問題、デジタル時代以前のすべての録音物に関わる問題だ。あらゆるオリジナルのアナログマスターテープはレコード会社が所有している。いまならまだ、マスターテープが経年劣化する前に、ハイレゾのデジタルに変換して保存することが彼らにはできる。おびただしい数の録音物が存在していて、すべてリマスタリングすればコストは天文学的な数字になる。しかし、わたしにいわせれば、ベストセラー、たとえば売り上げが上位五百位くらいのものからはじめればいい。アルバム一枚あたり二千ドルでリマスタリングすれば、五百枚なら百万ドルだ。レコード会社で分担すれば、たいしたことではないだろう。子孫のために、デジタル時代以前に人気を博したレコードの音を残すこと。それこそがたいしたことなのだ。わたしが本書を執筆しているいまこのときも、まだレコード会社はなにもしていない。

なぜレコード会社は彼らの宝石を残そうとしないのだろう?――エルヴィスやシナトラ、クロスビー、ビッグバンドの時代を経て、ボブ・ディラン、サラ・ヴォーン、ジョーン・バエズ、レナ・ホーン、ウディ・ガスリー、まだまだたくさんの音楽が残っているのに。筋の通る答えは見つからない。

DRM　拝金主義と音楽

われわれはもうひとつ重要な取り決めをした。それは、PONOで売る音楽ファイルにコピープロテクションをかけないということだ。デジタル音楽は〝デジタル著作権管理（DRM）〟と呼ばれる方法で保護されていた。ファイルの利用や複製に制限を加えるものだが、多くの問題があった。とりわけ、音楽ファイルの購入者を困らせた。アーティストもいやがっていた。アーティストも業界全体も迷惑していた。

結局、DRMは失敗だった。ナップスターのような企業は、シェアサイトを作るなど、逃げる方法を編み出した。いつでもどこでも思いどおりに音楽を楽しむためにきちんと金を払っている音楽ファンが、購入した音源を手持ちの機器で再生できないなどということもあった。写真をコピーするように、音楽ファイルをコピーして別の機器で聴くこともできなかった。金を出してくれる顧客をなによりも傷つけ、犯罪者扱いしたDRMは、業界に大打撃を与えた。そもそも、音楽を盗んで複製する連中を根絶するのは不可能だ。財産権泥棒はデジタル時代とは切っても切れない問題だ。ありがたいことに、この世は泥棒ばかりではないけれど。

再生は無制限に

くわえて、ＰＯＮＯの音楽ファイルは、ＰＯＮＯプレイヤーだけでなくどんな機器でも再生できるものであるべきだ。アップルのように自社製品専用のファイルフォーマットにしたくなかった。わたしは、業界が音楽とリスナーのあいだに置いた障壁や制限を残らず取り去りたかった。わたしには、自分がすべてのアーティストの代弁をしているという確信があった。

ＦＬＡＣ

ＰＯＮＯの音楽ファイルは、どこでも手に入り、可能な限り最高の音質にしたかった。可逆圧縮フォーマットの業界標準はＦＬＡＣだ――有用なデータを損なわずにほぼ半分のサイズにハイレゾのデジタルファイルを圧縮して保存できる、シンプルなフォーマットだ。この形式なら、ＭＰ３と違ってサウンドを殺さない。ＦＬＡＣは音声情報を損なわないファイルとしてもっとも広く使われ、再生機器をほとんど選ばない。ＰＯＮＯでは、１９２キロヘルツ／24ビットのファイルでもそれ以下のファイルでも、ＦＬＡＣを採用し、利用しやすくすることにした。

純正であること

ＰＯＮＯの音楽ファイルは、また別の意味でも特別なものになる。われわれが扱うコンテンツは、オリジナルと同じ音質であり、ハイレゾに見せかけるために〝アップサンプリング〟と呼ばれる手法で手を加えた音声ファイルとは違うものであることを保証したい。

わたしは、バッファロー・スプリングフィールド時代に仕事をした旧友であり、有名なオーディオエンジニアのブルース・ボトニックを招き、われわれのコンテンツには余計な手が加えられていないことを保証する仕事をまかせた。ほかのアーティストやマネージャー、レコード会社とも連携し、保管庫から新しいハイレゾコンテンツを探すのも、彼の仕事だ。ＰＯＮＯのファイルが、レコード会社とアーティストが承認した、信頼に足るハイレゾ音源だと見なされること。それがわれわれの目標だった。

ボブ・スチュアートは、ＰＯＮＯの音源の再生中はプレイヤーのブルーのライトが点灯し、ファイルが純正であることをユーザーに知らせる仕組みを思いついた。最高の解像度で、純度の高い、オリジナルのままのファイルだということを示すのだ。

ハイレゾで手に入る音源は限られているので――数百万枚のアルバムのうちたった四千枚だ――

わたしは自分とエリオットのコネクションを利用し、アーティストやそのマネージャーにハイレゾでアルバムを作ってほしいと依頼した。まだハイレゾでリリースされていないコンテンツを探し、PONOミュージックストアに提供してもらうのだ。CD音質のみでリリースされているアルバムがあれば、スタジオマスターテープからPONOミュージックストアで売るためのハイレゾ音源を作ってもらう。オリジナルからハイレゾデジタルファイルに変換してもらうには、レコーディングエンジニアに報酬を払う必要がある。そのコストは、PONOミュージックが負担しなければならなかった。レコード会社はハイレゾ音源作りに興味がないからだ。

あいにく、景気が悪かった。アルバム一枚をリマスタリングするコストは二千ドル。一枚十五ドルで販売すれば、レコード会社の取り分七〇パーセントを差し引くと、PONOミュージックに入ってくるのは一枚あたり四ドル五十セントだ。ということは、アルバム一枚につき四百ダウンロードを売り上げなければ元が取れない。スタートアップ企業には、かなりの難題だ。わたしは内心、レコード会社が責任を負うべきだと考えていた。むこうは違ったようだが。

多くの難題があったが、われわれは前進することにした。アーティストを助け、だれもが作品を本来の音で聴くことができるようにしたい。その決意のもと、わたしは危険を冒してさらに私財を投じた。

Chapter 10 / Phil

第10章／フィル・ベイカー

PONOの開発

二〇一二年春、開発チームはPONOプレイヤーの開発に専念していた。その後、われわれは二年以上の月日をかけて協働し、二〇一四年末には製品が顧客のもとへ発送される予定だった。だが、そのあいだに資金が尽きたり、何度もCEOが代わったり、技術的な問題が起きたり、障害の連続でスローダウンを余儀なくされ、数カ月作業が止まることもあった。

そんな状況だったら、チームのメンバーたちはもっと安定した地位を求めてやめていてもおかしくないが、シリコンバレーでは事情が違う。先が見えないことなど当たり前なのだ。短期のプロジェクトに参加してやり過ごすメンバーもいたが、われわれはプロジェクトの重要性を信じつづけていたし、山あり谷あり停滞あり、経済的な問題もあったが、自分の仕事を愛していた。

それまでのプロジェクトにくらべれば、ＰＯＮＯのチームを監督するのは楽なほうだった。それぞれ特別なスキルを持ち、そのために選ばれたメンバーばかりだったからだ。頭がよく、プロ意識とモチベーションを持ち、ニールと仕事をするのを楽しんでいた。わたしが関わったなかでも最高の製品開発チームだった。

わたしはいつも、少人数で小回りのきく開発チームのほうが、大所帯の組織よりも効率的に動けると思っていた。とりわけ、開発する製品のニーズにぴったり合致したエンジニアたちでチームを作ることができれば、少人数のほうがむしろありがたい。また、開発コストが抑えられる、時間も短縮できる、完成した製品もたいていよくできている、などの利点もある。

リーダーが士気を高める

もうひとつ、製品開発に大切なものは、リーダーが醸す雰囲気だ。プロジェクトを生かすも殺すも、リーダー次第だ。わたしは、進行していた仕事を後戻りさせたり、カオス的な状況を作ったり、いきなり方向を転換したりして、チーム全体の士気を低下させるリーダーのいる組織で働いたことがある。実現不可能な期待を抱くリーダーや、製品開発を理解していないリーダーのもとでは、現場の雰囲気は悪くなる。そもそも製品開発とは、不確実でリスクに満ちたものだ。しかし、PONOプロジェクトでは、そのようなリーダーに悩まされることはなかった。ニールもこれほど大きな製品開発に携わったことがないはずだが、チームのメンバーにとっては、いつも前向きで話のわかるリーダーであり、勇気づけられる存在だった。

ニールと仕事をはじめた時点では、わたしは彼がどんな人物なのか知らなかった。有名人が人前で見せる顔と、スポットライトの外で見せる顔はぜんぜん違うという話はよく聞く。では、ニールは問題が起きたらどんなふうに反応するだろう？　わたしの知っているプロジェクトリーダーのように苛立つのだろうか？　それとも、広く知られているイメージとさほど変わらないのだろうか？

幸い、本物のニールはパブリックイメージそのままだった。静かで礼儀正しく知的で、聞き上手だ。チームへの期待値も課する目標も高いが、われわれの仕事を精一杯理解しようとした。質問が多く、必要があれば細かく指示を出すが、いつも製品の全体像と自分の使命が鮮明に見えていた。なによりも、各メンバーに対して、自分に向けられるのと同様の敬意を返した。ときには、自分にはCEOのスキルがないなどといったりしたが、驚くほど優れたリーダーシップは紛れもなく持ち前のものだ。

ニールのやり方は非常に効果的だった。プレッシャーは軽くならないが、プロジェクトが刺激とやりがいに満ちた楽しいものに感じられた。われわれはみな、ニールをよろこばせようと全力を尽くした。わたし自身、彼のためにそれまで携わったどのプロジェクトよりも懸命に働き、経験したことのないプレッシャーに耐えた。プレッシャーをかけたのはほかならぬ自分であり、ニールを失望させることはできないし、彼の名声に傷をつけてもいけないと、心のなかでいいつづけた。皮肉なことに、ニール本人は自分の名声などまったく気にかけていないようだった。だが、ニールがPONOプロジェクトを主導しているのは傍目にも明らかなので、マスメディアには憶測に満ちた記事があふれ、わたしはますますプレッシャーを感じた。失敗したときの影響を想像して眠れない夜もたびたびだった。必要以上に、自分に重荷を課していた。製品に関するあれやこれやの問題を取っ替え引っ替え思い浮かべ、わたしはすっかり消耗していた。

ここまで大規模ではなかったにせよ、ニールにも新しい製品作りの経験はあり、テクノロジーに夢中だったようだ。数年前、ニールは鉄道模型好きが高じて、〈トレインマスター〉という新しいワイヤレスコントロールシステムを開発していた。リモコンで電車や線路の分岐装置や、そのほかの付属品を操作するのだ——既存のものよりはるかに進んだ製品だ。クライド・コイルの別名で初期のウェブサイトも作っている（http://coilcouplers.com/tmc/tmc.html）。

ニールは、基本的な設計プロセスを理解し、細部に興味を持った。とくにユーザーの使用感と、音質に影響する事柄にはこだわった。農場で月一回のミーティングを開き、進捗状況を報告させ、前回のミーティングのあとに生じた問題点に回答を出した。三時間から四時間のミーティングは、いつも実り豊かだった。また、エリオットから経営面について、ボブ・スチュアートからはテクノロジー面の開発状況について報告があった。

設計開始

設計の仕事は、ユーザーの視点でPONOプレイヤーに求められる基本条件を考えるところからはじまった。タッチディスプレイやボタン、メモリ、コネクタ、バッテリの寿命、オーディオ機能など、製品の大枠を決めるのだ。すでにマイク・ナトルがマーク・ゴールドスタインとともに、トブラローネのチョコレートバーを彷彿させる三角柱の工業意匠《インダストリアルデザイン》（ID）を考案していたので、それが叩き台になった。もっともチームの意見が分かれたのがIDだったが、見た目の美しさだけでなく機能の面からも、じっくり詰めるべきだと、わたしは考えた。

製品に必要な機能が決まったら、いよいよデザインに取りかかる。インダストリアルデザイナーは、美しく機能的な形になるように部品を構成し、ユーザーと接する箇所を適切に配置する――PONOの場合は、ディスプレイやコントロールボタン、コネクタ、充電用ポートだ。最終的には、大量生産できて、いろいろな用途に使えるデザインにしなければならない。手のなかにしっくり収まり、ポケットに入れたり、机に置いたり、車内で聴いたりできる形だ。

音質を損なわないデザインを作るため、普通はポータブルプレイヤーで使われない大きめの部品が必要だった。スマートフォンやｉＰｏｄのように平らなデザインがいいのはわかりきっていたが、その部品を格納できない。

三角柱なら、アンプ系統に使う大きな出力コンデンサを格納できるし、長い円柱状のバッテリを一辺に沿うように入れることもできる。われわれは一貫して、サイズを優先させて音質を妥協することはありえないと考えていた。この段階ではどのくらいの電力が必要かまだわからないので、もっとも大型で効率的な円柱状のバッテリを使いたい。そんなわけで、形が機能に従いつつ、機能が形に従ったＩＤが完成した。三角柱はＰＯＮＯプレイヤーならではの特徴で、マイクもニールも最初から気に入っていた。

机やオーディオ機器の上に置けば、ディスプレイは斜め上を向く。片方の手でディスプレイが垂直に立つように持つこともできる。ポケットにも余裕で収まる。ＰＯＮＯの形は、ほかのアイコン的な製品のデザインと同様に、評価がまっぷたつに分かれるだろうと思われた。実際、賛否両論あった。

電子系統のデザイン

機械デザインのシンプルさにくらべて、電子系統のデザインは複雑で時間がかかる。電子回路設計者のデイヴ・ガラティンは手はじめに、オペレーティングシステムとプロセッサを選んだ。このふたつによって、製品の概略構造とパフォーマンスと使用上のコストが決まる。プロセッサが強力すぎると、バッテリの消耗が早くなってコストがかかるが、弱すぎてもファイルのダウンロードなどのパフォーマンスが低下する。結局、プロセッサはテキサス・インスツルメンツ、オペレーティングシステムはアンドロイドに決定した。アンドロイドは、タッチディスプレイ式のコントローラーや消費電力管理機能、ユーザーインターフェイスなど、われわれが必要としているものを備えていた。

当時、アンドロイドはおもにスマートフォンで使われていたが、無償のオープンソースなので、現在ではさまざまな製品に利用されている。ＰＯＮＯには電話の機能はないし、見た目も異なるが、インターフェイスは携帯電話のアプリと似たようなものになる。成熟したオペレーティングシステムを利用すれば、開発の期間も短縮できる。

オーディオのデザイン

ニールは、PONOプレイヤーの形や色、操作面、タッチディスプレイなど、大まかな枠組みを決めるところから開発に深く関わっていた。サウンドの特徴を変えるイコライザーを装備するかどうかなど、オーディオの部分についても、PONOにはニールの色が強く感じられた。彼は、音楽をいじるようなものや、人工的な効果をつけくわえるものには、とくに反対していた。これらを使うと本物のサウンドではなくなる。アーティストが意図して作りあげた音とは別物になってしまう。元の演奏とリスナーのあいだを邪魔する点では、圧縮ファイルと同じだ。また、プレイヤーの使い方が煩雑になり、それはPONOの目指すところではない。

機械と電子回路のデザインの初期段階が終わりに近づくころ、われわれは問題をあぶり出し、改良をくわえるための社内テストに着手した。製品開発は、デザイン、テスト、デザインの改良、再テストの繰り返しで、少しずつ最終形に近づいていく。この時点の試作機は製品とは似ても似つかない。回路基板と電線とばらばらの部品の寄せ集めだ。

もともとマイク・ナトルはケースの素材を押出《おしだし》アルミニウムにして、ボトルシップのように片方の端から電子系統とバッテリとディスプレイを差しこんで蓋をする、というやり方を考えていた。

そうすれば、外からはつなぎ目やネジの見えない、エレガントなケースができあがる。マイクとニールは、持ったときにつなぎ目が手に触れるのをとりわけいやがった。しかし、このやり方は難しく、複雑な問題が増える。結局、二個のプラスチックのパーツをつなぎ合わせ、シリコンの接着剤で補強することになった。つなぎ目をケースの辺ではなく少し裏側に寄せることで、持ったときの手触りが悪くならないようにした。

美的観点からケースのつなぎ目にねじを使いたくなかったのだが、プレイヤーをうっかり落としたときにつなぎ目がはずれないよう、強力な接着剤でとめればいいのではないかと、機械系エンジニアのサイモンが提案した。ＰＯＮＯのような携帯用家電製品に求められる耐久性の基準は、硬い木の床に一メートルの高さから落としたときに壊れないことなので、サイモンはその基準をクリアするためにも、そうしたほうがいいと考えた。

だが、わたしは落下テストに合格するよりも、修理可能であることが大事だと考えた。強力な接着剤でつなぎ目を閉じると、のちのち製品内部の点検や修理ができなくなるし、寿命が来たときにリサイクルしにくくなる。ニールが環境に悪影響を与える製品を認めないことはわかっていた。ニールほど環境問題を理解し、気にしている人は少ない。のちに製品の出荷準備がととのったとき、思いがけないトラブルが起き、このときの決定が正しかったことがわかった。

デザインを進めながら、プラスチックのパーツを大量生産する準備をはじめ、回路基板の改良をつづけた。二〇一三年一月までに、数台の試作機を作るのが目標だった。

デイヴィッド・レターマン・ショー

ところが、九月初旬、エリオットから電話がかかってきた。数週間後にニールが「ザ・デイヴィッド・レターマン・ショー」にゲストとして出演することが決まり、番組でPONOを紹介したがっているという。その時点で、PONOについて詳しいことを知っているのは社内の人間だけだったが、ニールはそういうものを開発しているという話をあちこちでしていた。PONOの完成形に近い試作一号機ができるのはまだ数カ月先だったが、番組はニール本人がPONOそのものや開発の目的について語るまたとない機会になる。何百万人もの人々に、開発中の製品を紹介できるのだ。

わたしは開発チームのメンバーと話し合い、ひとつの結論を出した。成形したプラスチックのケースに、バッテリとLED、そしてホーム画面にPONOのカラーロゴを映すディフューザーを入れ、形だけの見本を作るのだ。そして、ライトをつけるためのスイッチを裏面につける。大急ぎで見本を作り、ニールに渡した。二〇一二年九月二七日、番組でデイヴィッド・レターマンがニールにＰＯＮＯについて尋ねると（＊6）、ニールは急ごしらえの見本をポケットから取り出し、カメラの前で掲げながらスイッチを入れた。まるで本物のＰＯＮＯに見えた。ＰＯＮＯがはじめて世界に向けて紹介された瞬間だった。ニールは、それが完全な製品ではなく、見本だと説明したが、まるで本物、出荷する製品のとおりに見えた。

試作一号機

二〇一三年一月、ほんとうに機能する最初の試作機が完成した。じかに触れて使うことができるものが、はじめてできたのだ。カリフォルニア州フリーモントの小さな工場を訪ねると、デイヴ・ポールセンが一台目を組み立てているところだった。彼は待ちかねるような面持ちで、一台一台スイッチを入れて作動するか確かめた。電源が入らないものもあった。電源が入ったものをよけ、入らなかったものは修理のためのエリアへ持っていかれた。原因は、はんだづけが甘かった、部品が足りなかったなど、ささいなものがほとんどだった。この検証テストのおかげで、前進のスピードが著しくあがった。試作機は、ソフトウェアの開発とテストや、ファームウェア（プレイヤーのメモリに書き込まれたソフトウェア）の作成、機械系デザインのさらなる改良などに使われた。ＰＯＮＯの大量生産が、はじめて具体的に想像できた。現実味を帯びてきたのだ。

行方不明

しかし、この試作第一号機には大事なものがひとつ欠けていた。ボブ・スチュアートが仕上げることになっていた、ファイルを圧縮するためのソフトウェアだ。数回にわたるミーティングで、スチュアートは、完成間近だがもう少し時間が必要だといっていた。

スチュアートのソフトウェアが完成しないので、とたんに前へ進めなくなった。彼のソフトウェアはPONOプレイヤーを唯一無二の製品にしてさらに資金を獲得するための鍵だ。ソフトウェアが完成すれば、より小さなメモリでハイレゾファイルを保存できるようになる。試作機はデイヴ・ガラティンが設計したとおり、普通の音楽プレイヤーとしては完成している。われわれは一号機を手にして興奮していたし、試作機の音質は非常によかったが、スチュアートのソフトウェアがなければ、音響デザインに独自性を持たせることができない。

Chapter 11 / Phil

第11章／フィル・ベイカー

PONOミュージックのリーダーシップ

アイデアだけですばらしい製品を完成させることができないことはたしかだ。メーカー企業を立ちあげる条件のなかで、アイデアはごく初歩的なものに過ぎない。充分な資金と、熟練したマネージメントも必要だ。わたしの仕事はハードウェアの開発だったので、PONOプレイヤーの開発の進捗について定期的に報告があがってくることを除けば、各ディレクターたちと緊密にコミュニケーションを取っていたわけではない。しかし、舞台裏ではさまざまなことが起きていた。

ディレクターたち

立ちあがったばかりの小さな会社の例に漏れず、ＰＯＮＯミュージックには、友情と信頼関係と個人的な推薦にもとづいて招聘したディレクターたちがいた。だが、彼らのほとんどは、シリコンバレーのスタートアップ企業の立ちあげと経営を経験していなかった。取締役のメンバーは、故ペギ・ヤング、エリオット・ロバーツ、ジジ・ブリソン、ジョン・タイソン、そしてニールだった。ペギは当時のニールの妻で、エリオットはニールの友人でありマネージャーだった。ブリソンはニールがハワイに所有する別荘の隣人で投資家だ。タイソンはニールの親友で、家業のタイソン・フーズを経営していたので、経営に関してはだれよりも経験豊富だった。ロサンゼルスのバックアルター弁護士事務所に所属する企業弁護士のリック・コーエンが、ＰＯＮＯミュージックの法律顧問として取締役会に出席した。このなかに、ハイテクのスタートアップ企業に関わったことのある者はいない。

マネージメント

エリオットはＰＯＮＯミュージックのＣＯＯでもあった。音楽業界では伝説的なマネージャーでビジネスマンだ。音楽業界に入ったばかりのころ、デイヴィッド・ゲフィンとともにレコード会社（アサイラム・レコード。イーグルス、ジャクソン・ブラウンなどを見出した）を設立し、当時マネージメントをしていたジョニ・ミッチェルからニールを紹介されたという。

ニールがＰＯＮＯミュージックのＣＥＯに就任したものの、ふたりとも立ちあがったばかりのスタートアップの経営には専任の責任者が必要だと承知していた。なによりも、資金を集めてくることができる人物が不可欠だ。小さな会社であっても、新しいハードウェアの開発には金も時間もエネルギーもかかるのだ。

初期の投資者たち

その時点で、会社に資金を投じたのは、ニールとタイソンと、ニールの友人のアーティストたち、大勢の個人投資家で、数百万ドルが集まった。彼らが投資したのは、ニールを信じ、彼の努力を支援したいと考えたからだ。

エリオットはたびたび、ハードウェアの開発にこれほど金がかかるのかと、驚きと苛立ちをわたしに吐露した。無理もない。彼もニールもこの領域に足を踏み入れたことはなかったのだから。はじめてハードウェアのビジネスに携わる企業は、たいてい同じように反応する。ハードウェアはデザイン、試作、大量生産に多額の金がかかる。いま思い返せば、わたしがあらかじめ開発予算についてもっと詳細に説明しておくべきだった。それなのに、わたしはいったん開発に取りかかれば、段階を踏むごとに資金がついてくると考えていた。このことでわかるように、PONOミュージックにはもうひとつ足りないものがあった——最高財務責任者（CFO）がいないので、精確な予算組みができなかった。わたしは単純にも、ニールが必要な資金を集めてくれると思っていたのだ。

新しいCEOを探す

ニールとエリオットがそれぞれCEOとCOOを担当していたが、ニールは現役のミュージシャンであり、エリオットは引きつづき、サンタモニカのダウンタウンにあるオフィスで限られた人数のスタッフとともにニールのマネージメントもしていた。

ニールは新しいアルバムの曲を書き、レコーディングとプロモーションに忙しく、ワールドツアーで長期間出かけることが多かった。また、自伝の執筆を含め、ほかにも仕事を抱えていた。だから、自分より会社経営に詳しい人物にＣＥＯの座を譲り、背負っている責任の一部を渡して会社を軌道に乗せてもらいたいと切望していた。

その人物を探すのは大変難しく、結局は一年以上かかってしまった。もっと簡単に見つかると思っていたのだが、音楽を救うというニールの使命に対して彼と同様の情熱を抱いている人物はなかなかいなかった。シリコンバレーの経営者たちがリスクをものともしないという話はさんざん書かれているが、ＰＯＮＯミュージックのＣＥＯ候補に名前があがる人々は、ほぼ全員がリスクを恐れた。会社の資金が不足していたことも、新ＣＥＯが就任してもすぐには動けない要因になった。むしろ、新ＣＥＯの最初の仕事は資金を集めることだった。

わたしはニールとエリオットに、候補者探しには専門の業者にまかせたほうがいいとすすめたが、ふたりと取締役会は、費用をかけるより知り合いの推薦を頼ろうとした。

われわれはエリオットの推薦で数人の候補者を招き、コンサルタントとしてまず資金集めをまかせてみた。ニールとともに働くことをよろこんだ者もいたが、多くは自分の思いどおりにしたがった。ニールが関わっている会社だからこその困難もあったが、これがそのひとつだ――ニールとＰＯＮＯミュージックが切っても切れない関係にあったがために、ＣＥＯにふさわしくない人物や、彼に近づきたいだけで真剣に働く気のない冷やかし客のような者が集まってきた。

ある候補者は、書類の上では完璧に見えた。音楽ストリーミングサービスの経験があり、業界で顔が広かった。しかし、ほどなくみずからの考えでニールの努力を台無しにするようになった。PONOプレイヤーの開発を中断し、自分の知っている、このような製品を開発した経験がほとんどない会社に丸投げしようとした。そのうえ、ソーシャルメディアでニールと新会社を設立すると宣言し、取締役会を仰天させた。その後すぐ、彼はいなくなった。

紆余曲折の末、CEOが決まった。ジョン・ハムが二〇一三年四月に入社した。サンフランシスコで開催されたTEDカンファレンスで、彼の妻とジジ・ブリソンが出会ったことがきっかけだ。ハムは理想的な経歴の持ち主だった。投資と企業経営の経験があり、スタートアップ企業と有名テクノロジー企業数社で経営顧問を務めたこともあった。また、音楽に強い関心を持ち、オーディオマニアでグラミー・ファウンデーションの理事でもあった。みずから会社を設立し、資金を集めた経験と、音楽への理解、マーケティングと企業ガバナンスの手腕で、ニールを引き立てた。いい音を追求する熱意も、ニールと共有した。投資家に訴えるだけの高い信用が彼にはあり、われわれのように金のない企業に資金を集めてくる経験も豊富だった。そのうえ、彼は頭がよく、カリスマ性があり、エネルギッシュで人好きがした。

ジョン・ハムとニール

ハムは入社してまもなく、以下のように語った。

ニールの意志の強さはつねに変曲点になった。なんらかの草の根運動が起きるたびに、決まって前線に立つ有名人が必要となる。もっといい音響機器を求めるゲームに参加したがる者はいくらでもいるが、みずからバッジをテーブルに置き、線路に横たわったのはニールくらいなものだ。業界でも知名度の高い彼が、MP3の音質はクソだ、スタジオのマスターテープの音はすばらしいのに、と訴えてきたのだ。ニールは、アーティストの意図をそのまま表現するには、MP3は最悪の手段だと指摘している。アーティストがレコーディングした作品を冒瀆するフォーマットだ、と。わたしは、マルホランド・ドライブを車で走って動画を撮影しながら、一枚のレコードを作るためにどれだけ膨大な作業が必要か、彼から聞いたときのことを思い出す。ドラムの周囲にマイクを適切に配置するためにどれだけの時間をかけるか、何度リミックスするか、エンジニアとプロデューサーがどんな作業をするか。その苦労が、再生のフォーマットによって大きく損なわれてしまう。それは、アーティストの写真を撮り、ぼやけたコピーを作るようなものだ。

ハムのビジネスの手腕は、ニールの抱く理想を強力に補完するものだった。ハムならニールの理想をビジネスに変え、資金を集めて成功させられると、期待が高まった。完璧なデュオがそろったようだった。

現実になる

ハムはただちに行動を起こし、シリコンバレーの真剣なスタートアップ企業らしい組織作りに取りかかった。われわれは定期的にサンフランシスコの彼の自宅を訪れ、必要なリソースを確認するようになった。予算と詳細なスケジュールを立て、プレイヤー、ミュージックストア、大量生産、マーケティングの四大部門について、鍵となるマイルストーンを定めた。ハムはわたしをハードウェア開発と業務部門の責任者に据え、自分は不足しているリソースを購入するために必要な資金を集めてくると請け合った。

音楽ダウンロードストアを作る作業が次第に行き詰まり、われわれが当初考えていたほど簡単ではないことが明らかになると、ハムはテクノロジー部門の責任者にペドラム・アブラリを引き抜いてきた。彼はソフトウェア部門において、わたしと同じ立場になったのだ。アブラリはクラウドベースのソフトウェア開発の専門家で、会社にとって心強い助っ人だった。彼は、ソフトウェアデザインエンジニアや、ソフトウェアクオリティエンジニア、オンラインストア構築の経験のあるエンジニアを連れてきた。

また、ハムはビジネス開発マネージャーのランディ・リージャーとマーケティングディレクターのサミ・カマンガー（ペドラムの配偶者）を会社に入れた。とはいえ、われわれの成し遂げようとしている仕事を考えれば、あいかわらず小さな会社だった――ハードウェア作りに四人の顧問、そして十人に満たないフルタイムの従業員。

ハムはサンフランシスコのポトレロ・ヒルにある小さなビルの三階をオフィスとして借り、社員はそこで働いた。オフィスには、デスクとテーブルを置いたオープンスペース、その隣にＰＯＮＯプレイヤーをテストしたり、試聴したりする小部屋があった。

従業員が増え、オフィスもできたので、本物の会社らしくなり、開発のスピードも速まった。オンライン・ミュージックストアの細部も決まり、集中的な作業がはじまった。ストア作りには多くの複雑な問題があった。オンラインで音源を探して選んで購入する顧客との接点になるヴァーチャル店舗をととのえればすむわけではなく、ミュージックライブラリに音源を保存し、ユーザーの機器に送り、レコード会社と購入者のあいだの金銭的なやり取りを処理するといった、込み入った舞台裏のインフラが必要だった。そして、最後に必要なものが、ユーザーが音楽ファイルをプレイヤーで管理保存するための、ＭａｃとウィンドウズӀ両方で使えるアプリケーションだ――ｉＴｕｎｅｓのような。

PONOチームのメンバーは次のとおり。
デイヴ・ガラティン、ランディ・リージャー、ケヴィン・フィールディング、デイヴ・ポールセン、ニール・ヤング、ジーク・ヤング、サミ・カマンガー、ダマーニ・ジャクソン、ペドラム・アブラリ、フィル・ベイカー。

新しく入ったソフトウェアエンジニアのケヴィン・フィールディングが、はるかに改良されたユーザーインターフェイスをたちまち作りあげた。ソフトウェアクオリティエンジニアのダマーニ・ジャクソンが、われわれの組み立てた新しい試作機を徹底的にテストした。イリーナ・ボイコーヴァはオンラインストア構築を引き受け、ニールの息子ジーク・ヤングがコンテンツをそろえた。PONOの完成がどんどん現実味を帯びてきた。

まだ足りないもの

ハムがCEOに就任して数カ月がたった二〇一三年後半になっても、あいかわらず大きな問題が残っていた。ボブ・スチュアートが、プレイヤーに組みこむはずのソフトウェアを完成させていなかったのだ。少ないメモリでハイレゾの音質を保つためにファイルを圧縮するソフトウェアだ。PONOミュージック設立時に、スチュアートに返済期限なしで相当額を出資し、圧縮ソフトを提供してもらうという契約を結んでいた。ところが、契約は大まかな言葉で書かれていて、ソフトウェア開発の詳細が決まっていなかったことが、あとでわかった。スケジュールも仕様も、PONOミュージックの出資額も、なにひとつ決まっていなかった。契約の文書が作られたのは、まだわれわれが製品の細かい仕様を理解していなかったころなので、しかたがないといえばそのとおりなのだが。そのときはとにかく書面にしたかったのだ。

スチュアートは音響機器の専門家として、ニールの農場で月に一度開かれていたミーティングには出席していた。しかし、プレイヤーの開発が進むにつれて、電子系統の設計はすべてガラティンが請け負い、スチュアートは助言と意見を出すのみになった。ソフトウェアを提供することが、彼のおもな役割になるはずだった。

ミーティングでは、スチュアートはどんなソフトウェアを作るのか、大雑把な言葉で説明しただけだった。ソフトウェアでエンコードし、ハードウェアでデコードする、とても複雑なものらしかった。しかし、いつそれができあがるのかという質問に対しては、いつも答えをはぐらかした。

わたしはニールの苛立ちと焦りを感じるようになった。スチュアートのソフトウェアがなければ、プレイヤーを完成させてテストすることができない。苛立っていたのはニールだけではない。開発チーム全体が、ほんとうにソフトウェアはできあがるのだろうかと疑いはじめた。全員がぴりぴりしていた。

とにかく前に進むため、ガラティンはプログラミングできるメモリチップを電子回路にくわえ、あとでプレイヤーにソフトウェアを追加することができるようにした。

だが、いつまでたってもソフトウェアは届かなかった。スチュアートの技術がまだそこまで到達していなかったのか、それともわれわれに完成品を納めるのがいやだったのか、わたしにはわからなかったし、彼も最後までうやむやにしていた。わたしは、これが返済期限なしで出資を受けたパートナーの態度だろうかと思っていたが、どうしようもなかった。

ついに十一月のミーティングで、スチュアートはPONOミュージックにソフトウェアの使用権を譲渡する条件について話し合う準備ができたと発言した。そして、ハムにイギリスへ来て、メリディアンの株主であるヨーロッパの高級ファッションブランドを複数所有するスイスの企業、リシュモン・グループの幹部と面会するよう求めた。

そこでハムが提示された条件は、月ごとの支払い、プレイヤーの販売数に準じたロイヤリティ、株式の追加譲渡、ただし独占権は譲らない、というものだった。PONOミュージックには負担しきれないほど厄介な条件であり、普通の業界基準に照らし合わせれば、まったく法外なものだった。PONOミュージックにはソフトウェアの独占権がないばかりか、使用を制限されるのだ。たとえば、会社を売却したり、プレイヤーの生産販売権を他社に売却したりすれば、スチュアートのソフトウェアは使えなくなる。

ハムは何度かイギリスへ行き、スチュアートとリシュモンの幹部たちに会い、交渉を重ね、PONOミュージックの財務状況を説明し、条件を緩和させようと努めた。ハムとスチュアートと投資家たちだけでなく、エリオットとニールとコーエンも議論と交渉の席についたが、数カ月たっても同意には達しなかった。

本書を執筆するにあたって、スチュアートにインタビューしたところ、契約条件を受け入れないＰＯＮＯミュージックの経営陣は非常識だと思っていたと語った。ソフトウェアにはそれだけの価値があったというのだ。その価値は、われわれが考えていたよりはるかに高いと、彼は感じていた。結局、われわれに提供されなかったスチュアートのソフトウェアは、独占的《プロプライエタリ》な圧縮技術、ＭＱＡの基礎となった。

このできごとに、われわれは深く失望し、甚大な打撃を受けた。スチュアートとは、ＰＯＮＯプレイヤーの開発当初から二年間、ともに仕事をしてきた。われわれは、彼がいずれ双方同意できる条件でソフトウェアを提供してくれるものと信じていた。わたしはプレイヤーの設計、試作、テストの責任者として、プレイヤーがほぼ完成しているのに、大切な要素が欠けていることに歯噛みした。

タイミングも最悪だった。二〇一三年末は、ハムが社外から投資を募ろうとしていた時期で、ＰＯＮＯプレイヤーの売りは独特なテクノロジーを搭載していることになるはずだった。スチュアートのソフトウェアがなくても作動するものの、それではほかのあまたあるプレイヤーと大差ない。なんといっても、ＰＯＮＯはニールが掲げた高い目標をクリアするものでなければならない。ニールが携わっているという以外に、競合製品と一線を画す特色が必要だった。われわれは、これでPONOの開発も行き止まりかと落胆した。

その一方で、スチュアートのソフトウェアを除いたPONOプレイヤーの設計は完了していた。われわれはさらに進んで、試作一号機を作ったときから取り組んでいた設計の改良部分を組み入れずに、五十台を作ることにした。完璧にはほど遠いが、これをひとつの区切りとして、ニールや取締役や社員たちにプレイヤーを試してもらいたかった。

Chapter 12 / Phil

第12章／フィル・ベイカー

新しい目標を目指して

スチュアートからソフトウェアが提供されず、開発の歩みがいったん止まったものの、われわれにあきらめるつもりはなかった。せっかくここまで来たのだから、こんなことに邪魔されるわけにはいかない。ハムはオーディオマニアのコミュニティで知り合った大勢の友人に連絡を取り、唯一無二のプレイヤー作りを手伝ってくれそうなＩＴやオーディオ機器の専門家がいれば紹介してほしいと依頼しはじめた。スチュアートと似たような仕事をしている者は皆無だったが、ハムはコロラド州ボールダーのエアー・アコースティクスの設立者、チャーリー・ハンセンの名前をあげた。

チャーリー・ハンセン

ハンセンはアンプやプリアンプ、DACなど、世界有数の高級オーディオ機器を作ったすばらしい設計者だった。彼の作った機器には、一万ドルで販売されているものもある。

彼は音質に情熱を傾ける本物の天才で、オーディオ機器の設計やマーケティングの方法について、世間とは逆行する考え方の持ち主だった。とくに、多くのハードウェアメーカーが音質よりスペックに注力するのを批判していた。製品を作る際には、たとえば音量調節のデザインや反応など、ほかの人が気にしないような点までこだわった。何時間も試聴をして設計を微調整し、サウンドを最適化した。ハンセンは、数年前に自転車で走っていたときにバイクにはねられ、胸から下が麻痺し、車椅子に乗っていた。それでも、明晰な頭脳ですばらしいオーディオ機器を作りつづけた。

ハムはボールダーでハンセンに会い、ニールとともにPONOを作る仕事に興味はないかと訊いた。ハンセンは興奮した。自分の知識を利用して、手頃な値段のプレイヤーを作りたいと以前から考えていた、役に立てるのではないか、と彼はいった。

彼はまた、スチュアートのソフトウェアなど存在しない問題だ、ゆえに解決する必要もなし、と一蹴した。メモリとファイルサイズは数年前と違って障壁ではないのだから、ファイルを圧縮する理由がない。彼もニールと同様に、新しい独占的《プロプライエタリ》なフォーマットは、音楽ファイルに新しい制限をくわえるものであり、利益優先の企業に支配されている、と批判した。

唯一無比のプレイヤーをデザインする鍵は、音質の向上に専念することであり、そうすれば既存のものをはるかにしのぐものにできると、ハンセンは考えていた。つまり、いままで作ってきた高級機器のデザインをもとに、最高のDACを使い、もっといい増幅回路を組みこむのだ。

携帯機器専用の低電力DACのなかでも最高級のものを選び、増幅回路はほかのプレイヤーのように既製品を使うのではなく、部品から作るのだと、ハンセンはいった――彼がそれまでオーディオマニア向け製品でやってきたことだ。アンプのデザインは音質を左右する非常に大事な要素なのに、ほとんどの会社は考え違いをしているというのが、彼の持論だった。

どこの会社でも使っている安価な増幅回路チップではなく、抵抗器、トランジスタ、コンデンサなど、数百の部品が必要になるが、パフォーマンスは既存のどのプレイヤーよりもずっとすばらしいものができると、ハンセンは請け合った。そして、彼が設計したほかの製品と同じく、フィードバックループは使わない。普通の製品には、出力信号を測定して入力信号を制御するフィードバックループが使われているが、ハンセンはこれが音質を劣化させる要因だと考えていた。そのほか、高級オーディオ機器にしか使われていないバランス駆動を採用する。これは、2チャンネルの音声信号をそれぞれ独立したヘッドフォンジャックへ流すもので、よりクリアな音で再生できる。

チャーリー・ハンセン(エアー・アコースティック設立者)

ハンセンは、史上最高のプレイヤーを作りあげてみせる、いますぐスタートする準備はととのっているると、自信たっぷりにいいきった。

われわれは、プレイヤーの販売数に応じて彼にロイヤリティを支払うという条件で契約し、ハンセンは仕事に取りかかった。彼のやり方では、PONOプレイヤーの電子回路のデザインを大幅に変更しなければならず、追加された部品を小さな回路板に詰めこむには熟練したスキルが必要だった。デイヴ・ポールセンがそのスキルを持っていた。デイヴとハンセンは、何カ月もかけてともに作業をした。ふたりはそれぞれに最高の仕事をし、たがいを天才と認め合っていた。

不確定な要素

ハンセンが解決策を持っていたおかげで、われわれの意気はあがったが、まだわからないことはたくさんあった。新しい電子回路はプレイヤーにフィットするだろうか？　バッテリの寿命はどれくらい？　ほんとうにハンセンは約束どおりの仕事をやってくれるのか？

うまくいけば、〝転んでもただでは起きない〟の好例となる。想像以上に高音質の製品ができあがり、当初想定したほどには有益でもなんでもなかった特徴を省くこともできる。結局、どちらが製品として優れているのだろう？　より多くのファイルを保存できるプレイヤーか、それともニールの言葉を借りれば神の音がするプレイヤーか？

二〇一四年は明るい展望とともにはじまった。力のあるＣＥＯ、プレイヤーとミュージックストア作りに打ちこんでいる有能なチームがいて、世界最高の携帯音楽プレーヤー作りに協力してくれる新しいパートナーがくわわったのだ。

しかし、工程が増加した分、金も必要になった。あいかわらず資金繰りには苦労していた。小口投資は増えていたが、まとまった金額は集まらなかった。大量生産に取りかかれる日が近づいてくるにつれて、資金不足はますます深刻になっていった。

Chapter 13 / Phil

第13章／フィル・ベイカー

キックスターターに挑戦

資金調達に困っていたわれわれは、キックスターターで支援を募るというアイデアに、ますます魅力を感じるようになっていた。キックスターターについては半年前から議論していたのだが、具体的に動いてはいなかった。ずっと頭のどこかにはあった。まるで「非常時にはレバーを引いてください」と表示された壁の火災報知器のように。いまこそその非常時だ。

それまで、われわれはプレイヤーの基礎デザインを完成させなければならないというプレッシャーのもとで働いていた。その結果、テスト用の試作機が五十台できあがっていた。「外見は完成、機能はほぼ完成」の製品がはじめて手元にそろったのだ。スチュアートのソフトウェアも、チャーリー・ハンセンが開発中の新しい電子回路も組みこまれていなかったが、それ以外のテストには対応できる。数台の大まかな試作機を経て、最終的な製品そっくりのものが数十台できあがった瞬間は、新製品開発の道のりのなかでも大きなよろこびを感じる大事な節目だ。

この試作機を手にしてだれよりもよろこんだのがニールだった。昼も夜も使い、その後数カ月にわたって、プレイヤーをテストした技術者たちより多くのフィードバックをあげてくれた。開発者が気づく前に問題を発見し、とくにソフトウェアとユーザーインターフェイスについて改良すべき点を指摘した。ニールに先回りされるのは恥ずかしかったが、問題を発見する能力はわれわれ技術者より優れていると認めざるをえなかった。わたしたちは、彼がどんなことにも高い熱量で取り組み、携わるプロジェクトには完璧を求めるところを何度も見ているが、このときもまさにそうだった。

深刻な資金不足

しかし、プレイヤーだけに注目していると、深刻な財務状況が見えなくなる。ニールの友人や、彼の考え方を支持する大勢の小口投資家のおかげで、われわれはなんとかやりくりしていた。だが、この先へ進み、ＰＯＮＯプレイヤーを大量生産するには、資金がぜんぜん足りないということがわかった。

ハードウェア製品のデザインには金がかかる。開発コストを予測するのは難しい。すべてが問題なく作動するようになるまで、設計、テスト、改良のプロセスを繰り返さなければならない。けれど、もっとも資金が必要となるのは、製品発売の何カ月も前、大量生産するための部品を購入するときだ。それまでのコストを全部足した金額をはるかに超えることもある。多くのスタートアップ企業は、そこまで来てようやく、想定していたよりずっと多額の金が必要だったことに気づく。不意討ちを食らって必要な額を調達できず、プロジェクトが頓挫したり、ビジネスそのものから撤退を強いられたりすることもしょっちゅうだ。また、製品をあらためて評価した結果、市場が変わり、もはや製品に競争力がなくなっていると判断され、発売が中止になることすらある。普通、この時点でコストは数百万ドルに達しているので、後戻りはできない。新しいデザインの完成を目前に控えたＰＯＮＯミュージックも、会社としての生死を分けるこの段階に、急速に近づきつつあった。

スチュアートのソフトウェアを使用できなくなり、ハンセンの代替案もほんとうに有効かどうかこの時点ではわからないので、大口の職業投資家たちのあいだでは不確定要素が多すぎると見られていた。ハイレゾの音楽などだれも見向きもしないと思いこんでいる人々もあいかわらずいた。ダウンロードよりストリーミングのほうが主流になり、われわれの取り組みは時代遅れで意味がないと考える人々もいた。単純に、ロックスターが経営する会社に投資したくないという人もいた。それでも、ニールはくじけず、プライベートなコンサートを開催して、会社の運転資金を稼いでくれた。

キックスターターをキックオフ

そんなわけで、キックスターターが最善の選択肢に見えてきた。われわれは、キックスターターがニールのイメージにどんな影響を与えるか話し合った。当時は有名アーティストが一般大衆に資金援助を訴えることなど稀で、有名人ならぽんと金を出せるだろうと思われていた――現実には、かならずしもそうではない。

ニールは日常生活で贅沢はしなかったが、家族やスタッフを支えるために多額の出費を余儀なくされていた。それに、ＰＯＮＯミュージックへの投資は、金儲けではなく、音楽を救うことが目的だった。金儲けをしたいなら、ＰＯＮＯプレイヤー作りに入れこむよりよほど儲かる方法がいくらでもある。まさに、好きだからやっていた仕事だ。ニールはフィナンシャルアドバイザーに止められるまで、ＰＯＮＯミュージックに資金を注ぎこみつづけた。

二〇一四年一月、ついにわれわれはキックスターターでキャンペーンをすることに決めた。開発の継続に必要な資金を得られるだけでなく、世間の人々がほんとうに高音質の音楽に関心を持っているのか、はっきりさせられる。われわれが会った職業投資家たちは、よりよいオーディオ機器のニーズなどない、もはやだれもそんなものは求めていないと断言していた。キックスターターで、その考えは間違っていると証明することができるかもしれない。

キックスターターのキャンペーンのコンセプトはシンプルだ。個人に資金援助を募り、援助額に応じて、あとで返礼品を配布する——われわれの場合はＰＯＮＯプレイヤーだ。厳密にいえば、この行為は製品の購入ではなく寄付になる。援助者は公約どおりのものを受け取るのを期待するが、かならずしもそうなるとは限らない。返礼品が期待に添うものでなくても、償還請求権はなく、返品払い戻しもできない。なぜなら、商品を買ったわけではないからだ。また、キャンペーンが目標額を達成できなければ、寄付金は返金される。この仕組みによって、目標金額が高くなりすぎるのを防いでいるが、目標を達成しても、公約を守るために必要充分な金額ではなかった、という事態もありうる。

キャンペーンが締切前に目標金額を達成すると、キックスターターへの手数料とアマゾンへの支払処理料で合計一〇パーセントを引いた金額を受け取ることができる。

二〇一四年当時、キックスターターのキャンペーンで巨額の寄付金を獲得した例はほとんどなかった。最高金額はペブル・ウォッチのキャンペーンだ。アップルウォッチの先駆けで、携帯電話と連動する腕時計だ。最終的に集まった寄付金は一千万ドルを超えた——驚くべき金額だ。キックスターターのキャンペーンのほとんどは、一万ドルからせいぜい数十万ドルが目標だった。

われわれがキックスターターでキャンペーンをすべきかどうか検討している一方で、ニールはさっさとやればいいじゃないかと、平然といってのけた。ニールはそういう性格なのか、たいてい直感で判断し、ファンや仲間のミュージシャンや音楽そのものにとって最善だと思われることをした。われわれはキックスターターを使うことで彼のイメージが崩れるのを懸念していたが、本人はまったく気にしていなかった。これだと思ったら、他人の目などおかまいなしで突き進むのが彼だ。うまくいかなくても、かならず代案を考えている。振り返って後悔することなどめったにない。

ニール・ヤングが後押ししているということで、PONOプロジェクトはキックスターターの共同設立者、ヤンシー・ストリックラーの目にとまり、ぜひやってみるべきだが、目標額は百万ドル以下にしたほうがいいという助言を受けた。有名人があまりに高額な金額を求めると、バッシングが起きてキャンペーンを台無しにし、その有名人のイメージを傷つけかねないというのが、その理由だった。

キックスターターによれば、キャンペーンを開始するのは製品が完成する前だが、普通は半年から九カ月前に設定するものらしい。そうすれば、キャンペーンへの期待が高まり、さらに人々の注目を集めることができる。当時は、目標金額を達成しながらも、寄付者が公約どおりの返礼品を受け取ったかどうかという点で判断すれば、成功とはいえないキャンペーンが全体の四分の三以上を占め、成功したものでも、期日より数年長く寄付者を待たせたものも多かった。

キックスターターを利用すれば、必要な資金を得られるだけでなく、製品への注目度を測ることができる――製品への注目度は、やはりわれわれにとっても大きな疑問だった。われわれは、自分たちの使命が音楽とアーティストを守ると信じていたが、世間の人々はどう感じるだろう？　厳正な方法ではないが、キックスターターでうまく紹介すれば、人々に関心を持ってもらい、寄付を促すことができるかもしれない。キックスターターでキャンペーンをする者にとって大きな不安は、目標金額を達成できず、結果として寄付金を返さなければならなかったり、関心を持ってもらえなかったり、さらにはプロジェクトを中止したりしなければならないことだ。

われわれの返礼品はＰＯＮＯプレイヤーだが、そのプレイヤーはまだ設計中だった。完成までかかる時間も、最終的なコストも、確定していなかった。ハンセンの新デザインがケースに収まるのか、音質はどうなるのか、それすらもわかっていなかった。最高のサウンドにするという、ハンセンの言葉だけが頼りだった。それでも、われわれはキックスターターのウェブサイトで最新の試作機をデモンストレーションした。細部を見せることができたおかげで、われわれが本気で取り組んでいて、言葉どおりのものを作れそうだという信頼を得ることができた。

キックスターター・キャンペーンの企画とＰＲのアドバイザーに、ブルックリンを拠点に活躍するコンサルタント、アレックス・デイリーを選んだ。彼女はそれまでにも複数のキックスターターのキャンペーンを成功させていた。数年後には〝クラウドファンディングコンサルタント〟として知られるようになり、同タイトルの著書も出版することになる。彼女の仕事は、キックスターターのウェブサイトに掲載する魅力的なコンテンツ作りと、PONOミュージックが提供する返礼品の設定とサービスの企画促進だった。キャンペーン期間は、人々の関心が新鮮で寄付金額を最大化するのに最適な四十日間とする。開始日は二〇一四年三月十一日。テキサス州オースティンで年に一度開催される音楽やエンターテインメント関連の大規模イベント、サウス・バイ・サウスウェスト（SXSW）で、ニールが基調講演をおこなう日だ。

社内で掲げた目標金額は百五十万ドルだった。とんでもない金額に見えるが、設計を完成させて大量生産を開始するために必要な、最低限の額だ。大量生産に必要な経費をまかなうにはとても足りないものの、さしあたって前に進みながら、資金繰りをつづけることはできる。だが、ストリックラーの助言に従い、われわれはウェブサイトで募る金額を八十万ドルに設定した——達成する可能性は充分にあるが、必要と思われる金額の半分だ。

一月にクラウドファンディングを実施すると決定してから三月のキャンペーンの開始までは、あっというまだった。キックスターターのウェブサイトで最新のデモ機を披露する日の翌日にはニールはSXSWで記者会見する予定になっていた。そのころには、ハンセンが試作機を完成させているを見越してのことだ。記者会見でキャンペーンをより多くの人に知ってもらえば、目標金額を達成する可能性も高まる。

ハンセンとエンジニアのチームは、ＳＸＳＷの記者会見にはじめてのデモ機が間に合うよう努力するといい、ボールダーで懸命に仕事を進めた。デモ機は手作りなので、製品とはまったく違う外見になる。回路基板が完成してケースに格納できるようになるのは数カ月先と予測されていた。記者会見では、数種類の回路板を電線やスイッチやさまざまな部品で接続したものを見せることになるだろう。

キックスターターで寄付してくれた支援者に贈る返礼品は、ＰＯＮＯプレイヤー、サイン入りポスター、シャツ、ニールとのグループディナーに参加できるチケットだ。早期の支援者は格安でＰＯＮＯプレイヤーを手に入れることができる。出遅れた人たちはプレイヤーがどんどんなくなっていくのを知って焦り、残りのプレイヤーの価格をあげても支援が集まるようになるはずだ。

コストと納期は？

キャンペーンを準備するにあたって、わたしは製品の納期と価格を決めなければならなかった。この段階で納期を確定するのはひどく難しい。どんな問題が起きるか、予測などできないからだ。

また、製品のコストは、最終的に使用する部品の構成と数量（部品表あるいはＢＯＭという）、工賃、それに工場に支払うマージンを上乗せして決まる。これらすべてのコストは、製造台数によっても変わる。つまり、納期やコストについて詳細が決定するのは数カ月先なのだ。

それでも、なんとか数字をひねり出さなければならない。支援者に魅力的に映りそうで、なおかつキャンペーンが失敗しかねないほど遅くはない納期と、高すぎない価格を。頭をかきむしって悩んだあげく、七カ月後の十月には製品第一弾を納品できそうだという結論を出した。コストについては、最新デザインで追加する部品はさほど多くないだろうと仮定して、最初の試作機に使用した部品をもとに算出した。ただし、工賃とマージン、生産台数は、まだわからなかった。結局、プレイヤー一台につきコストは百七十五ドルと見積もった。その時点で原材料費をおよそ百四十ドルとして、生産台数を多めにすれば、このくらいのコストでいけるだろうと踏んだのだ。この数字はほぼ正しかったことが、あとでわかった。

キックスターターで早期の支援を促すため、プレイヤー本体の色をイエローとブラックの二色にし、各色百台までを二百ドル、それ以降は三百ドル以上の寄付で進呈することになった。希望小売価格は三百九十九ドルだ。三百九十九ドルというのは、われわれの考える小売価格の上限だった。コストがほんとうに百七十五ドルかかれば、会社の利益は少なくなるが、生産数が増えればコストがさがると、わたしは確信していた。二百九十九ドルのほうが魅力的ではあるが、三百九十九ドルがいいだろうと、社内の意見も一致した。販売が難しくなるかもしれないが、利益は多くなるはずだ。

アーティスト・エディション

キックスターターのキャンペーンがはじまる少し前、ニールから電話がかかってきた。PONOプレイヤーのケースの色を、イエローとブラックのほかに、特別にアーティスト・エディションとしてクロームを追加できないかという。ニールとエリオットは、ほかのアーティストやマネージャーにキャンペーンへの参加を呼びかけていた。PONOはアーティストのためのムーヴメントであり、初期の投資者の多くがアーティストだ。エリオットは、三十組のアーティストやバンドから、彼らの名を冠した限定版を作ってもいいという許可を得ていた。パール・ジャム、メタリカ、クロスビー、スティルス&ナッシュ、トム・ペティ、フー・ファイターズ、パティ・スミス、ジェイムス・テイラー、ハービー・ハンコック、レッド・ホット・チリ・ペッパーズ、ノラ・ジョーンズ、ベック、ウィリー・ネルソン、デイヴ・マシューズ、アーケイド・ファイア、グレイトフル・デッド、イーグルス、バッファロー・スプリングフィールド、ジャクソン・ブラウン、レニー・クラヴィッツ、エルトン・ジョン、マムフォード&サンズ、マイ・モーニング・ジャケット、ZZ

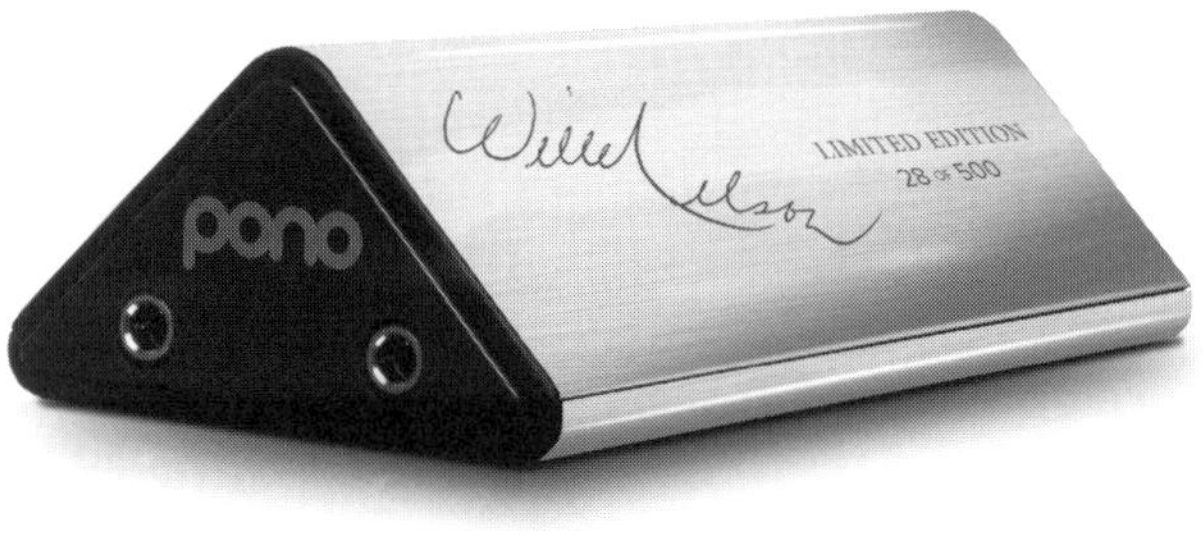

アーティスト・エディション（写真はウィリー・ネルソンのもの）

トップ、ティーガン&サラ、ライル・ラヴェット、エミルー・ハリス、キングス・オブ・レオン、ケニー・ロジャース、ニール・ヤング・ウィズ・クレイジー・ホース、ポルトガル・ザ・マン。

そしてもちろん、ニール・ヤング・エディションだ。

アーティスト・エディションは、各アーティストの名前とサイン入りの本体にアルバム一枚があらかじめ収録されたスペシャル・パッケージで、レザーケースをつける。金額は百ドル上乗せして四百ドル以上に設定し、キャンペーン期間内でしか手に入らない限定版とする。

スタンダードモデルのケースの素材は、ゴム加工をしたプラスチックで、マットな仕上げだ。スペシャル・エディションを作るなら、プラスチックが金属に見えるようにめっきをほどこし、アーティストの名前を刻む手段を考えなければならない。

これもまた、ニールの創造性によって新しいアイデアが生まれた一例ではあるが、なにしろ時間がなかった。もちろんできるよ、とニールに答えながらも、わたしは自問した。でも、どうやって？　わたしはなんとか答えを見つけた。その夜、PONOプレイヤーの製造を請け負う中国の工場、PCHで技術部門の責任者をしているジョン・ガーヴェイにメールを送り、ニールの希望を伝えた。翌朝目を覚ますと、ガーヴェイから、了解した、数日以内にサンプルを送る、という返信が届いていた。このように〝できるよ〟とすぐにレスポンスが返ってくるのが、中国で製造するメリットだ。一カ月どころか一週間も待たずに、一日か二日で返事が来る。彼らはアメリカの製造業にくらべて、ずっと短い納期で仕事をする。

わたしは友人のグラフィックデザイナーのフランツ・クラクタスに、キックスターターのウェブサイトに掲載するPONOプレイヤーの画像をフォトショップで何種類か作ってほしいと依頼した。クロームめっき仕上げでアーティストのサイン入りの限定版の画像も作ってもらった。数時間後、彼から送られてきたファイルは、本物と見紛うばかりだった。

キックスターターのウェブサイトで開発のストーリーを語るために、われわれはとにかく手間をかけた。動画や静止画像、コメントを盛りこんだ。ニールがあちこちで開発に至るまでの経緯を話していたので、メッセージは明解だった。音楽を救い、音楽ファンが世界最高の音質で作品を買い、聴くことができるようにしたい。サイトの中心となるのは、ニールが友人の有名アーティストたちと車に乗り、PONOプレイヤーで音楽を聴かせて生の反応を引き出す動画だ。

サイトはオースティン時間で三月十一日正午、ニールが基調講演をおこなう四時間前にオープンした。ニールは、友人のアーティストたちに次のメッセージを贈った。


まず、早くからPONOを支援してくれたみんなに感謝を伝えたい。わたしたちを励まし、支えてくれて、ほんとうにありがとう。

アーティストがレコーディングのチームとスタジオに入り、最新作を作るときには、さまざまなことをさまざまな選択肢から選ぶ。スタジオ、楽曲、楽器のプレイヤー、シンガー、プロデューサー、エンジニア、マイクや機材。そして、自分のサウンドを録音する方法も、さまざまなフォーマットのなかから好きなものを選ぶことができる。そんな時代だからこそ、PONOが大きな役割を果たす。

もはや、MP3やCDでファンに作品を聴いてもらう必要はない。PONOはあなたが作ったものを、作ったとおりに、デジタルで再生する。あなたが長年レコーディングをしてきたアーティストで、いままでと同様にこれからもアーティストでありつづけるなら、アナログで作ったオリジナルのサウンドを最高の音質のデジタルに変換して、あらためてPONOで聴いてもらうといい。これ以上、オリジナルの録音をCDやMP3に圧縮する必要はない。

あなたが若いアーティストで、作品をMP3やCDでリリースしているのなら、あなたの世界はすでに大きく広がっている。音の解像度は選び放題だし、スタジオで聞こえた音と同じクオリティでファンに音楽を聴いてもらうことができる。サウンドの一部を削り取らずに、ファンに届けることができる。もうフォーマットに縛られなくてもいい。あなたに聞こえる音がリスナーにも聞こえるようになった。

PONOプレイヤーは、PONOミュージックストアを通じて、みんなの作品を新たな光で照らし出す。レコード会社のみなさん、いまこそレコード音楽という芸術を救うときだ。フランク・シナトラのレコードを、アデルの、ニルヴァーナの、ローリング・ストーンズの、ビートルズの、レッド・ツェッペリンの、フーの、あるいはクラシックのレコードを、この先もCDフォーマットだけで作らなければならない理由などない。音楽は世界の文化の歴史だ。この歴史はすべて、未来の人々がいつまでも楽しめるように、あたう限り最高の形で残すべきだ。二十一世紀の人間と芸術には、最高のテクノロジーがふさわしい。最高のものを聴こう。かつてできなかったことが、いまならできる。

わたしたちに聞こえる音をリスナーに届けよう。

感謝をこめて
ニール・ヤング

以下のメッセージは、一般の人々に宛ててキックスターターのウェブサイトに掲載された。

PONOミュージックとはなにか?

〝ポノ〟とは、ハワイの言葉で真っ当であることを意味する。PONOミュージックの設立者ニール・ヤングにとって、それはアーティストの意図と音楽の魂を尊重することを意味す

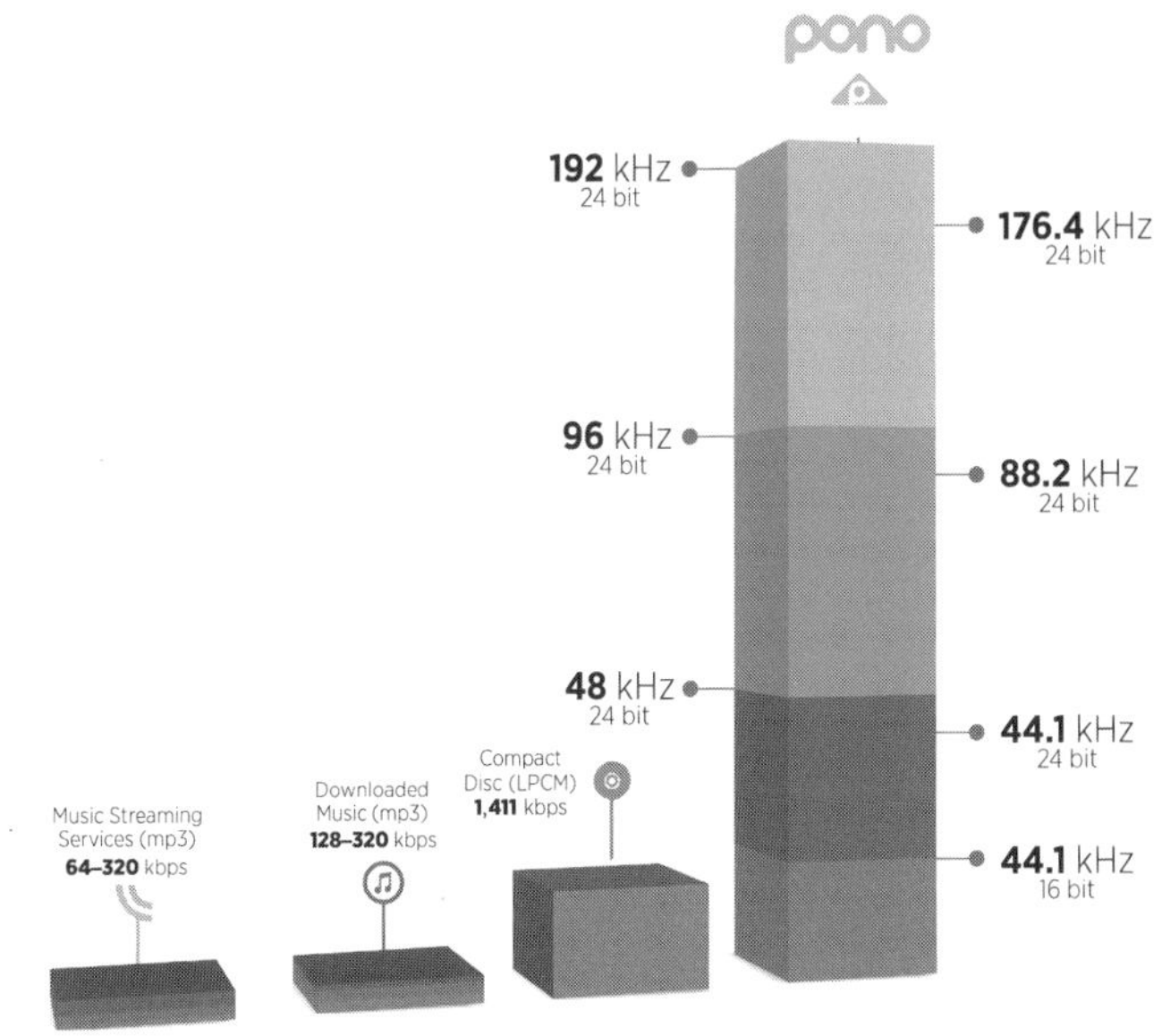

キックスターターのサイト上に掲載されたPONOのクオリティ

る。彼は真っ当であるために、デジタル音楽から締め出された魔法をよみがえらせる方法を探して、もう何年も旅をつづけている。音楽を簡単に聴けるように――ダウンロードしやすく、持ち運びやすくしようとするうちに、わたしたちはまともなクオリティの音だけが持っていた、心に訴える力を犠牲にしてしまった。だが、この十年間で世界は変わった――犠牲を強いていた根本的な問題は、テクノロジーによって解決された。音楽を聴くときに、音質と利便性のどちらを取るか、もう迷わなくてもいい――どちらも手に入る。それがPONOミュージックの基本理念だ。

PONOミュージックの使命は、あなたの大好きな音楽を、あたう限り最高の音で聴く体験を提供すること。

そのヴィジョンを追い求め、わたしたちは音楽を丸ごと聴くためのシステムを作っている――オリジナルのマスターレコーディングをPONOミュージック・ドットコム・ストアからPONOプレイヤーへ。ほら、あなたにも聞こえるだろう。音のニュアンスが、かすかなタッチが、残響の消える瞬間が――アーティストが苦心して作りあげた、音楽の手触りと心が。

感謝をこめて
ニール・ヤング

キックスターターがキックオフ

いざキックスターターのキャンペーンがはじまると、ほんとうに八十万ドルの目標を達成できるのかという不安は、あっというまに興奮と感激に変わった。悲観から楽観へ、会社をたたむ覚悟から使命を果たせるという確信へ。たった二十四時間で目標金額が集まり、わたしはさまざまな感情を味わった。キャンペーン開始からわずか数時間後、ニールがＳＸＳＷで基調講演を終えた午後五時には、寄付額は五十万ドルに達していた。その夜、地元のレストランでわたしはニールの隣に座り、この数時間でどれだけ寄付金が集まったか、ナプキンにグラフを描いてみせた（グラフを作るアプリがあることは、あとで知った）。一時間ごとに十万ドルずつ増えているのがわかるグラフだ。目標金額を達成できないのではないかという懸念は、キャンペーン開始直後に消えた。ウェブサイトに寄せられる反応から推すに、どうやらほんとうにハイレゾ市場は手つかずのまま残っているようだった。とにかく、あのときわれわれはそう思った。

ところが翌朝、浮ついた興奮に水を差すようなできごとが起きた。ボブ・スチュアートがわれわれの代理人であるリック・コーエンに、キックスターターのウェブサイトに機密情報が堂々と掲載されていると苦情をいってきたのだ。ＰＯＮＯプレイヤーの内部電子回路のプロトタイプの画像に、スチュアートのソフトウェアを組みこむはずだったメモリチップが映っているというのが、彼のいい分だった――しかし、そのソフトウェアは提供されていない。

わたしは、スチュアートの苦情には根拠がないと考えた。画像には独占権を主張できるようなものは一切映っていなかった。彼のテクノロジーを使っていると示すようなものも、彼が設計したものも含まれていない。それどころか、彼に契約を破棄され、われわれは初期の試作機を動かすためにチップから設計しなければならなかった。そのチップは新しい回路板にちんまりと収まっている。だが、コーエンはすみやかにサイトから画像を削除すべきだといった。わたしはフランツに電話をかけ、彼はすぐに画像を編集してチップを消した。

さらに驚いたことに、コーエンは従業員や取締役やテスト技術者が持っている試作機五十台を回収し、破壊しろといってきた。この五十台は、数万ドルのコストがかかっていて、テストや改良のためにまだ必要だった。まったくわけがわからず、わたしはそんなことをすれば、開発を継続することもテストすることもできなくなると説明した。ニールとエリオットに顚末を報告した結果、コーエンの助言に従いつつ、デイヴ・ガラティンとデイヴ・ポールセンにはそのまま試作機をあずけて設計作業をつづけさせることになった（本書の執筆のため、コーエンにインタビューを申し込んだが、断られた）。

スチュアートの電話はキャンペーンにしばし暗い影を落とした。われわれは、スチュアートが横槍を入れてくるのではないか、ひょっとしてキャンペーンを中断させようとするのではないかと恐れた。なかには、われわれが彼の競合相手であるチャーリー・ハンセンやエアー・アコースティクスと協働したのが気に入らなかったのではないかという者もいた。スチュアート自身も数台のPONO試作機を持っていたのだから、まったく筋が通らない。幸い、キックスターター・キャンペーンについて彼がなにかいってきたのは、このときだけだった。

寄付金はどんどん流れこんできた。われわれは、二百万ドルに届くかもしれないと期待しはじめたが、やがてそれは三百万ドルになった。最終的には、一万八千二百二十人が寄付をしてくれた。そのうち一万五千人以上が二百ドルから四百ドル以上を払い、プレイヤーを受け取った。集まった寄付金の総額は六百二十万ドル――当時、キックスターターのハードウェア開発キャンペーンで史上第二位、全カテゴリーで第三位の成績だった。

「ローリング・ストーン」誌は、キャンペーンの結果を次のような記事にした。

メタリカ、トム・ペティ、パール・ジャム、そしてもちろんヤングの音楽とサインが入ったシグネチャー・シリーズのPONOプレイヤーなど、数種類の返礼品が支持され、キャンペーンは六百万ドルを超える支援金を獲得して四月十五日に終了した。最高額は一口五千ドルで、返礼品はカリフォルニアかニューヨークかシカゴでヤングと食事をし、VIPだけの試聴パーティに参加できる権利だったが、カリフォルニアとニューヨークは募集人員に達した。合計一万八千二百二十人が支援し、六百二十二万五千三百五十四ドルを寄付した。キックスターターのルールでは、プロジェクトのオーガナイザーは当初の目標金額を超えた分も受け取ることができる（＊7）。

全員が有頂天だった。人々に注目されていることを証明できたし、支援金でミュージックストアを完成させ、プレイヤーの量産に取りかかることができる。

国　別　の　支　援　者　数

アメリカ合衆国	8,582人	アイスランド	4人
カナダ	1,312人	ブルネイ	4人
イギリス	1,054人	フィリピン	4人
オーストラリア	685人	ペルー	4人
ドイツ	622人	ラトヴィア	4人
日本	617人	ジャージー島	3人
オランダ	343人	トルコ	3人
フランス	317人	マルタ	3人
スイス	249人	スロヴェニア	3人
スウェーデン	193人	クロアチア	3人
イタリア	180人	ベラルーシ	3人
ノルウェー	173人	ウクライナ	3人
スペイン	161人	リトアニア	2人
ベルギー	150人	キプロス	2人
ニュージーランド	133人	ケイマン諸島	2人
デンマーク	122人	マカオ	2人
シンガポール	94人	アルゼンチン	2人
香港	81人	オマーン	2人
アイルランド	80人	ブルガリア	2人
ブラジル	75人	カタール	2人
オーストリア	63人	バミューダ	2人
チェコ	62人	ルーマニア	2人
メキシコ	61人	ヴェトナム	2人
フィンランド	58人	バーレーン	2人
イスラエル	46人	エストニア	2人
ロシア連邦	33人	モルディブ	1人
台湾	27人	コスタリカ	1人
中国	24人	ニューカレドニア	1人
チリ	20人	パキスタン	1人
アラブ首長国連邦	20人	ウルグアイ	1人
南アフリカ	20人	モーリシャス	1人
ポルトガル	19人	グアドループ	1人
マレーシア	18人	グリーンランド	1人
タイ	16人	コロンビア	1人
ポーランド	16人	フランス領ポリネシア	1人
インド	15人	サウジアラビア	1人
ギリシャ	11人	クウェート	1人
ルクセンブルク	11人	アゼルバイジャン	1人
韓国	11人	モルドヴァ	1人
ハンガリー	9人	レバノン	1人
インドネシア	8人	**合計**	**15,873人**

Chapter 14 / Phil

第14章／フィル・ベイカー

キックスターターから大量生産へのドライブ

キックスターター・キャンペーンが成功したおかげで、われわれは一気に自信を得て意気込んだ。これでしばらくはしっかりとした足場に支えられ、仕事をつづけることができる。必要なものを支援金ですべてまかなえるわけではないが、外部からの投資を呼びこみやすくなるはずだと、われわれは考えた。なによりも、会社とPONOプレイヤーが信頼を得た。いまでは、開発のパートナーも世間もマスコミも、PONOがほんとうにいい製品だとわかってくれている。それに、音のクオリティを大事にする人々のコミュニティが実在するという手応えもあった。大勢の人々が財布をはたいてくれたのが、その証拠だ。ニールのメッセージは遠くまで鳴り響いた。ＰＯＮＯのキャンペーンの成功が、世界中の雑誌やブログやオンラインニュースにさまざまな言語で紹介された。興奮と楽観が生まれ、プレイヤーとミュージックストアの完成があらためて期待されるようになった。

キックスターター・ドル

キックスターターからの支援金はありがたかったが、多くの義務がともなった。「六百二十万ドルを集めた」というのは正確ではない。そう、キックスターターとアマゾンに手数料などを支払い、手元に残った五百六十万ドルで納期までに一万五千台のＰＯＮＯプレイヤーを支援者に届ける義務を果たさなければならない。

見積もりでは、プレイヤーの大量生産にかかるコストと支援者への配送料を合計すると、一台につきおよそ二百ドル、合計で三百万ドル程度になりそうだった。残りの二百六十万ドルで開発を仕上げて生産に入り、市場に出す。わたしは、集まった支援金を〝キックスターター・ドル〟と呼ぶことにした。われわれの六百二十万キックスターター・ドルは、実質的には二百六十万ドルであり、その使い途はすでに決まっている——それでも、価値のある金だ。われわれの努力を後押ししてくれる熱心な支援者たちとともに、前に進めるのだから。

キックスターターと製品開発

キックスターターのおかげで、製品開発の過程が大きく変わった。普通は設計を完了させ、サンプルを作り、発売日が近づいてから、製品を公に発表する。マーケティングの動向を確認し、モニターの意見を取り入れ、小さな変更がくわわることもある。

つまり、数カ月も前から納期を決めて帳尻を合わせるのではなく、なにもかも準備がととのってから製品を市場に送り出すのが普通なのだ。コストが確定するのも、設計がほぼ完了し、工場で数百台を作ってみて、交渉のうえ工賃が決まってからだ。半年も前に新製品のコストを正確に見積もることなど不可能だ。

キックスターターのクラウドファンディングは、この通常のスケジュールの流れをひっくり返した。製品コストと納期がはっきりとわかる前に発表しなければならないのが、キックスターターのルールだ。そんなルールがあるから、希望的観測で納期を決め、強気な価格設定に走ることになる。いったん決めたら後戻りはできない。

そのうえ、すべてが支援者に監視される。日々の問題を知らせる必要はないとはいえ、支援者の存在をひしひしと感じ、まめな報告を求められれば応じる努力をしなければならない。支援者のほとんどは好意的だが、なかには要求が厳しかったり、ときには攻撃的になったりする人もいる。猜疑心が強く、進捗状況を細かく逐一知らせてほしがる人も、少数だが存在する。

彼らが気を揉むのはもっともだ。キックスターターで紹介される製品は、かつて納期前に完成しなかったものや、それどころか開発が頓挫してしまったものも少なくない。多くの企業ができない約束をするが、それは製品を作った経験が乏しいからだ。一方、ポジティヴな面に目を向ければ、ハイレゾに興味を抱いてくれた支援者が一万五千人もいた。われわれの目指すことに賛同し、支援者のコミュニティに入ってくれたわけだ——われわれが公約を果たし、彼らの期待に応えると信じて。

PONOプレイヤーを支援者のもとにほんとうに届けられるかどうかという点では、われわれはさほど心配していなかった。チームは何種類もの製品開発に携わってきた経験者ばかりだったし、タイムテーブルも無理がないように設定してあった。それでも、約束した納期とコストを守って公約どおりにできるのかと問われれば、不確定要素は数多く残っていた。

振り返れば、三百ドルで製品を進呈することにしたのは間違いだった。利ざやはほとんどなく、つねに見積もりより高くつく開発費、とりわけミュージックストア構築でかさむ一方のコストをすべて払えるほどの利益が出なかった。そもそもキャンペーンを成功させるために低めの価格設定をしたので、ほんとうに必要な金額を得ることはできなかった。支援者の人数が減るとしても、もっと高値をつけるべきだったのは明らかだ。

とにかく、さしあたっての課題は開発をスピードアップし、ハンセンの新しい設計を製品に組みこみ、さらに試作機を作り、大量生産の準備をすることだ。キックスターターで成功する前は、大量生産できるのかどうかも怪しかった。半年後に一万五千人以上の支援者に製品を届けると約束したからには、もう後には引けない。

Chapter 15 / Phil

第15章／フィル・ベイカー

中国へ

納期とコストを守るには、中国でPONOプレイヤーを製造する必要があるということに疑いの余地はなかった。アメリカ国内でできるに越したことはないが、とにかく現実的ではなかった。タッチディスプレイやバッテリや電子回路など、部品のほとんどは中国で作られているので、アメリカの製造業は競争力を失っている。国内で生産するなら、充分な余裕をもって部品を発送しなければならず、コストも時間も余分にかかる。ニールの要望があり、国内で作る場合のコストを調べてみたが、二倍以上にふくれあがることがわかった。なによりも、中国で作ったほうが、家電の生産に熟練している既存の企業を使えるので、納期を大幅に短縮できる。アメリカでは、もはや家電の生産はほぼ不可能だ。

リアム・ケイシー

ニールとプレイヤーの開発をはじめてすぐのころ、わたしは彼にPCHチャイナ・ソリューションズのCEO、リアム・ケイシーを紹介した。ケイシー及びPCHとは、それまでにもさまざまなプロジェクトで組んだことがあった。PCHは多様な分野の製品を大量生産している実績があり、アップルの周辺機器や、さらに複雑な製品の生産も受託していた。製造技師、プロジェクト統括者、パッケージデザイナー、バイヤー、そのほかのサポート業務担当者など、有能な社員が働く本社は、中国の家電製造業の中心地、深圳《しんせん》にあった。

PCHの専門はロジスティクスだ。梱包、配送、そして中国全土から部品を調達し、生産も手がける。完成した製品を世界中の消費者に直接届けることもできる。アップル、アマゾン、バーンズ&ノーブル、ビーツ、富士通をはじめ、さまざまな家電メーカーから付属品生産を受託し、経験を積んできた。

なかでもとりわけアップルの要求に応じることで、PCHは高品質で美しく、独創的ですばらしい使い心地の製品を作る技術を確立した。

　ほかの業者を当たり、大量生産ができるかどうか調べることもできたが、われわれには時間がなく、リソースも足りず、財務状況も不安定で、取引先としては信頼がなかった。

　もうひとつの懸念は、製品コストだった。まだ設計段階だったので、この時点では正確な数字ではなく、部品表（ＢＯＭ）にもとづいて工賃を算出し、製造契約を結ばなければならない。中国でさまざまな製品を作った経験から判断すれば、製造業者が課すコストの相場は、人件費、製造間接費、利益が追加され、ＢＯＭから算出したコストの一・二倍から一・五倍になる。正確な数字は、設計完了後、仕様や製造上の問題やロット数がわかってから交渉する。

　ケイシーは創造的でばりばりと仕事をこなすリーダーで、わたしの知り合いのなかでも指折りの営業手腕の持ち主だ。愛嬌たっぷりのアイルランド訛《なま》りで話し、やればできるという彼の姿勢は周囲に伝染しやすく、人を引き寄せた。絶えずアメリカやヨーロッパやアジアへ出かけ、休みの日でも深圳のモダンなオフィスで過ごした。のんびりした外見の裏で、賢く将来を見越し、つねに次の挑戦を待ち受けていた。深圳、サンフランシスコ、アイルランドに熟練した優秀な人材をそろえ、家電開発企業の支援に従事した。スタートアップ企業と協働することを愛し、サンフランシスコのハードウェア・インキュベーターの草分けである〈ハイウェイ1《ワン》〉を設立し、アイデアを製品化しようとする起業家たちをサポートしていたこともある。

製造を担当したPCHのCEO、リアム・ケイシー

ＰＣＨは売上高百万ドルの企業に成長したが、事業のほとんどはアップルの低マージンの仕事で占められ、その大部分がロジスティクスと簡単な製品組み立てだった。ケイシーは大口の顧客、ヘッドフォンメーカーのビーツと契約し、事業の幅を広げようとしていた。だが、アップルがビーツを買収したため、ふたたび扱いの難しい大企業一社だけが顧客という状況に後戻りしてしまった。

そんなわけで、われわれにとってはこのうえないタイミングだった。ケイシーはもっとやりがいのあるプロジェクト、たとえば製品開発の初期段階から携わるような大仕事に取り組みたがっていた。

ケイシーは、普段受託しているような付属品よりはるかに複雑なＰＯＮＯを自社工場で作りたいと希望した。ＰＯＮＯは注目されていたし、ニールの努力をサポートしたいという気持ちもあったし、自社の技術をさらに拡張することもできる。

ＰＣＨは、ＰＯＮＯ専用に新しい生産ラインを造りたいと提案してきた。ＰＯＮＯの生産は、ＰＣＨが普段やっていることより規模が大きく複雑なので、無理があるのではないかと、わたしは心配した。しかし、時間が足りず、ほかに選択肢もなく、ＰＣＨなら無理を可能にするかもしれないとも思えた。ほかの企業とは違い、突発的な問題が起きても、ＣＥＯに直接電話をかけることができる――ケイシーの携帯している三台のｉＰｈｏｎｅの番号をすべて知っているのだから。

怒濤の半年間

わたしのキャリアのなかでも、キックスターターのキャンペーンが終わってからＰＯＮＯプレイヤーの生産がはじまるまでの半年間ほど過酷な時期はなかった。きついスケジュールに追いまくられながら注目を浴び、プレッシャーに押しつぶされそうになりつつ、自分を見つめなおさなければならなかった。もっとも、ニールやエリオットやジョン・ハムから、早くしろとせっつかれたわけではない。三人とも、わたしはやるべきことをやっている、まかせておけば大丈夫だと思っていたようだ。それがますますプレッシャーになった。

もっと大きなチームで製品開発プロジェクトに取り組んだことが何度もあるが、そこでのわたしのおもな役割は、メンバーの仕事を管理することだった。だが、ＰＯＮＯプロジェクトは違った。ごく少人数の開発チームと、ごく限られた予算しかない。だから、わたしも手を動かし、しばらくぶりに深いレベルで製品作りに関与しなければならない。わたしはニールに対し、プロジェクトをやり遂げる責任を負っていた。細部にまで目を光らせる人間は必要だが、チームの自由度まで奪ってはならない。スタートアップ企業では、ささいなことが新製品どころか会社自体を殺しかねない、あるいは深刻な打撃を与えかねないと、わたしは経験から知っていた。リコールも作りなおしもできない。チャンスは一度だけだ。

PONOは設計で苦労したとはいえ、比較的わかりやすい製品だが、どの製品でも数えきれないほどの問題が不意に起きるものであり、PONOも例外ではなかった。楽観しすぎれば、製品に深刻な打撃を与えかねない問題を見過ごすかもしれず、悲観しすぎれば、ありもしない問題に気を揉むことになる。あのころのわたしは悲観的で、起きるかもしれない不測の事態を心配してばかりいた。ごく少人数のチームで、わたしが責任者だったので、心配するのが自分の仕事のように感じていた。

心配ごとリスト

ほかの製品を開発していたときは、心配なことを書き出すのが役に立ち、一種のセラピーにもなっていたので、今回もそうした。〝心配ごとリスト〟を作ったのだ。リストには、夜も眠れない原因になっている心配な事柄を書く――製品のパフォーマンスや品質やスケジュールに影響しそうな、ひいてはすべてを台無しにしかねない、危険な要素を書き連ねていく。長年、山ほど製品を作り、あらゆる問題を経験しているので、あっというまにリストは長くなる。

リストのトップは音質だった。ハンセンが新たに設計したように、小さな部品を何百個も小さなケースに詰めこむことになる。彼の設計に間違いがないとしても、いろいろな不具合が起きるかもしれない。部品はすべて収まるだろうか？　音質はすぐにわかるほど向上するのだろうか？　そもそも大量生産できるのだろうか？　音質をテストするにはどうすればいい？　一台一台、製品を検査しなくてもいいのだろうか？　ハンセンにこうした不安について尋ねると、本人にもわからないという答えが返ってきた。こういう正直なところが彼の魅力でもあるのだが。「こういう大量生産の携帯用プレイヤーは作ったことがないからね。でも、きっと大丈夫だ」

　わたしの心配ごとはほかにもあり、それはPONOのタッチディスプレイだった。特注のカラータッチディスプレイを一から作るのは、コストがかかりすぎるし、業者の要求する最小ロットは大きすぎる——おそらく十万個からでなければ、どこも引き受けてくれないだろう。そんなわけで、小型カメラに使われている既製品の二インチのカラータッチディスプレイを選んだ。ちょうどこのサイズのディスプレイを扱っていて、われわれと取引をしたいという会社も見つけた。ディスプレイはごく標準的なものなので、細かい部分をカスタマイズする必要があった。

　バッテリの寿命も気になっていた。一度の充電で何時間もつか。ハンセンの設計では増幅回路チップを入れるため、バッテリの消費量が増えるはずだ。ケースに格納できるバッテリのなかでもっとも大容量のものを選んだが、実際の製品に使うものと同じ回路と、微調整したファームウェアを組み込んだ試作機を作るまでは、バッテリの寿命はわからない。十時間は再生可能であってほしいが、当初の計算では三時間という結果が出ていた。最終的には、七時間まで延ばすことができた。それより短ければ、もっと大きなバッテリが入るように機械デザインをやりなおさなければならなかっただろう。

また、プレイヤーのメモリの容量も検討した。ハイレゾファイルはメモリを使うが、どのくらいの容量が必要だろうか？　ユーザーは数千曲をポケットに入れて持ち歩きたがるのだろうか？　この問題を解決するために、64ギガバイトのメモリチップをデフォルトで組みこみ、追加のメモリカードのスロットを装備した。当時は、対費用で見た場合、一ドルあたりの容量がもっとも大きいのが64ギガバイトだった。だが、ユーザーは大量のアルバムを保存したがるかもしれないので、64ギガバイトのメモリカードを付属品としてつけることになった。これで１２８ギガバイト、アルバム枚数にして八十枚から百枚をハイレゾで保存できる。ただ、プレイヤーのコストが三十ドル高くなった。のちにユーザー調査をした結果、プレイヤーのメモリを重視する人は少なかった。ファイルはパソコンに保存しておき、聴きたいときにたやすく移動させることができるからだ。その後、付属品のメモリカードは廃止した。われわれにしてみれば、ボブ・スチュアートの省メモリのためのソフトウェアが提供されなくなって困った記憶がまだ生々しく残っていたのだが、結局たいした問題ではなかったのだ。

支援強化

ＰＯＮＯプレイヤーの開発をさらに進めて大量生産に取りかかろうとしていたところ、品質と生産を管理する専門のエンジニアが必要だと気づいた。問題なく作動し、欠陥のない製品を納めなければならない。初期不良から改善していく余裕などない。プレイヤーの初期不良は納期遅れよりもっと恥ずかしいことだ。品質管理と生産管理に詳しいエンジニアが必要だ。中国へ行くのを厭わず、現地でＰＣＨと部品メーカーとがっちり組める人間が。

わたしは〈リンクトイン〉で、グレッグ・チャオというシリコンバレーのエンジニアを見つけた。彼は品質と生産管理のベテランで、中国で多くのハードウェア製品を作った経験の持ち主だった。

さらなる問題

案の定、試作機の製作から製品の生産がはじまる数カ月間で、われわれはさまざまな問題にぶつかった。つねに部品探しに奔走している感があった。電子部品の発注から納品までの所要時間は、普通は数カ月だが、われわれは数週間でそろえなければならないので、やむをえず既製品を高値で購入した。ＰＣＨや下請け業者が部品のオーダーを忘れて、われわれが大急ぎでかき集めることもあった。一ペニーもしない部品がひとつ欠けても、生産がストップしてしまう。

業者を変えるか、それとも最初からやりなおすか、選択を迫られるようなできごともあった。電子回路板の組み立てをまかせていた工場が、メモリをプロセッサに接続する業務に慣れていなかったため、生産に時間がかかっていた。われわれは、工場が問題を解決するのを待つか、それとも新しい業者を探すか、社内で話し合った。さらに話をややこしくするのが、中国の工場がなにを訊いても「問題ない」と答えるので、ほんとうのところはどうなのかさっぱりわからないことだ。何度もせっついたあげく、ようやく問題が明らかになる。

わたしは何度も中国に出張したが、そんなある朝、ＰＣＨの案内で、彼らがバッテリ生産を委託した工場を視察した。その工場は、バッテリメーカー――この場合はサムスンからセルを購入し、カスタマイズした保護回路やコネクタを追加していた。オフィスに到着した瞬間、わたしもＰＣＨの社員も目の前の光景にぎょっとした。散らかった不潔な施設、いいかげんな作業。われわれはさっさと業者を変えた。変えていなければ、いずれ大惨事が待ち受けていたはずだ。

そんなことがあったので、ヒューレット・パッカードのデスクトップパソコン部門の元部長で、すでに引退していたエンジニアの旧友、レイノルド・スターンズを招き、業者の査定と、ＰＣＨとともに部品を調達する仕事をまかせた。スターンズはアジアでのもの作りに詳しく、ＰＣＨに出向してくれた。

タッチディスプレイ

一方で、試作機のタッチディスプレイは、なかなかテストに合格しなかった。ソフトウェアクオリティエンジニアのダマーニ・ジャクソンはPONOの試作機を検査中、まるでだれかがさわったかのように、勝手に反応するディスプレイを複数発見した。原因がわからないので再現できないのだが、頻度が高いのが気になった。タッチディスプレイの誤作動によって、再生中の楽曲が停止し、別の楽曲が勝手にはじまる。われわれはこの現象を〝偽のタッチ〟と名付けた。あらゆる問題に名前がつくのだ。

デイヴ・ガラティンは、何週間もかけてこの現象を調べたあげく、ようやく原因を突き止めた——二個の回路のあいだで生じていた偽の電気信号がディスプレイとタッチパネルを勝手に動かしていた。PCHにこのことを知らせ、グレッグ・チャオが中国へ飛び、PCHとディスプレイメーカーと話し合った。PCHとメーカーが独自に調査し、現象を再現したところ、タッチディスプレイの回路構成を設計しなおさなければ、電気信号の干渉を防ぐことはできないが、やりなおしには四カ月かかるという。まさに大打撃で、われわれには受け入れられなかった。納期には絶対に間に合わない。

原因がわかると、製品の半分をわざと誤作動させることができた。ガラティンは問題解決に取り組み、あるアイデアを思いついた。十日後、彼は巧妙かつ非常に複雑な方法を編み出した。ファームウェアで自動的にディスプレイの癖を調べ、偽のタッチを防ぐための調整をする――要するに、ＰＯＮＯが自分を検査し、修理するわけだ。

ファームウェアの設計とテストと改良に一カ月かかったが、この方法がすべての製品でうまく働いて無事出荷にこぎつけることができるかどうかは、定かではなかった。誤作動率五〇パーセントが一〇パーセント、いや、五パーセントに低下するのか？　大量生産がはじまり、数百台を組み立て、テストするまでは、なんともいえない。

製品のテストまで、社内の全員が日々この誤作動問題に気を揉んでいた。ＰＣＨは組み立てラインに新しいテストを追加、すべてのプレイヤーを問題の起きやすかった暑い場所に二十分置き、偽のタッチ現象を減らそうとした。最終的には、誤作動をほぼゼロに近づけることができ、出荷後に問題になったことはなかった。

ＰＯＮＯの開発では無数の問題や思いがけない事態を処理するはめになったが、それは複雑な製品作りではよくあることだ。あらゆる製品には問題がある。その多くは予測不可能で、数百台から数千台ができあがったあとでようやく発見される。

偽のタッチをテストする

音楽プレイヤー作りで問題が続出する一方で、別のチームはもうひとつ必要な大物の開発に取り組んでいた。ユーザーが楽曲を探し、購入し、プレイヤーにダウンロードする場所、ＰＯＮＯミュージックストアだ。

Chapter 16 / Phil

第16章／フィル・ベイカー

PONOミュージックストアを作る

ペドラム・アブラリの抱えた仕事は非常に複雑だったが、時間の余裕はなかった。急いでPONOミュージックストアを構築し、関連するソフトウェアを作らなければならない。世界中にいる大勢のユーザーからのアクセスを処理できるウェブサイトが必要だ。十月にプレイヤーの出荷がはじまるまでにそれを完成させるのは大仕事だった。

シンプルな体験

ニールが構想していたミュージックストアは、既存の音楽ダウンロードサイトより使い方が簡単で、ハイレゾ音源に特化したものだった。どのアルバムも一種類だけ、もっとも高音質のものを販売する――ほかのミュージックストアのように、同じアルバムをさまざまなレベルの音質で、ヴァージョン違いとして販売するのではなく。ニールは「PONOで買ったものは現時点で最高のクオリティだと思っていい」と保証したかったのだ。

また、ニールは、すべてのアルバムの解像度を明確に表示したい、ほしいものを探しやすくしたい、と考えていた。それから、アーティストやマネージャーに直談判し、作品のアーカイヴを探したり、現存するマスターテープをリマスタリングしたりして、ハイレゾコンテンツを増やそうとしていた。

PONOが保証するもの

ニールとフランツ・クラクタスが、ストアの外観と雰囲気を決めた。ニールはさらに独創的なアイデアを出した。そのうちひとつが〝PONOプロミス〟だ。これは、現在ハイレゾ版がないアルバム――CDクオリティの音源しかないアルバムでも、購入を先延ばしにする必要はないという提言だ。ユーザーの購入したアルバムが、のちにハイレゾで手に入るようになったら、無料でアップグレードする、というものだ。

これは革新的なアイデアであり、ニールの思いや、ファンへの敬意が反映されている。彼は、PONOのユーザーに同じアルバムを二度買わせてはならないと、断固として主張した。また、ユーザーとの関係を活用し、どんなアルバムのハイレゾ版が求められているか、レコード会社にフィードバックすべきだとも考えていた。

レコード会社にアップグレードのコストを負担してほしかったが、拒絶されたので、PONOが引き受けた。ニールはこの問題についてとくに熱心だった。同じアルバムのヴァージョン違いが何度も発売されるのはレコード会社の販売戦略であり、消費者を怒らせ、アーティストも信頼を失うだけだと、ニールは知っていた。音楽ファンは、過去に買ったアルバムだろうが、繰り返し買わされるはめになる。ビニール盤を買い、カセットテープを買い、あげくのはてにCDを買わされた。われわれのストアでは、最低限でもCDクオリティ、つまり44・1キロヘルツ／16ビット以上のアルバムだけを扱う。ハイレゾではなく、まずまずのフォーマットのなかでも低音質なのだが、悲しいかな、ほとんどのアルバムはCDクオリティのものしかない。

ストアの開発

ＰＯＮＯミュージックストアの開発というのは、たった半年でＰＯＮＯプレイヤー専用のｉＴｕｎｅｓを作るようなものだった。信じられないほど難しく、費用がかかり、最終的には何百万ドルものコストを投じた。ペドラム・アブラリは、この業界のエコシステムのなかでわれわれのさまざまなニーズを満たしてくれるパートナーを探し、それぞれと関係を築き、社内チームと連携させ、使い心地のスムーズな最先端のシステムを作ることを求められた。

われわれに必要なものは大きく分けて五つあった。

1　ヴァーチャル店舗

2　音楽ファイルとメタデータ（アルバムに入っている音楽ファイルの情報）の管理

3　支払処理

4　ユーザーの音楽ライブラリの管理と、音楽ファイルをＰＯＮＯプレイヤーに読みこませるデスクトップソフトウェア

5　ＰＯＮＯプレイヤーのソフトウェア。これはアプリケーションのように機能し、ユーザーインターフェイスでプレイヤーの設定や調整や操作をおこない、音楽の管理をする

これらのうち、一から作らなければならないものはPONOプレーヤーのソフトウェアだ。残りのものを納期に間に合わせるには、それぞれの領域の専門知識と既存製品を持っているパートナーに頼るしかない。

セールスフォースをEコマース・プラットフォームに

ペドラムは、ヴァーチャル店舗を作るためのEコマース・プラットフォームの研究をはじめた。普通のオンラインストアが取り扱う商品はせいぜい数千種類だが、オンライン・ミュージックストアは何万枚もの商品を売る。しかし、ほとんどのEコマース・プラットフォームではこれほど多くの商品を処理しきれない。ペドラムは徹底的に調べたが、既存のプラットフォームではわれわれのニーズを満たせないので、別の方法を考えなければならないことがわかった。

一方で、キックスターターのコミュニティの掲示板では、キャンペーン終了後も音楽ファンが集まり、PONOや新しい音楽や音質について活発な議論が交わされていた。それを見ていたペドラムは、このような掲示板をミュージックストアにも作り、ファン同士に交流をつづけてもらおうと考えた。評価の高いクラウドベースのソフトウェア開発プラットフォーム、セールスフォースを使ったらどうか。セールスフォースは、カスタマーサポートやユーザーコミュニティ、ダイレクトマーケティングなど、企業と顧客の関係作りに利用されている。世界最大のソフトウェアカンファレンスであるドリームフォースの二〇一三年のイベントで、ペドラムはセールスフォースがコミュニティクラウドという新製品を発表するのを見ていた。コミュニティクラウドは、企業が顧客とつながり、情報を交換するためのアプリケーションだ。ペドラムは考えた。セールスフォースのプラットフォームであるForce．comを使ってミュージックストアを作れないか？

しかし、大きな問題があった。セールスフォースは企業間プラットフォームだが、われわれが求めているのは企業・消費者間のプラットフォームだ。ということは、オンラインストアを一から構築するか、経験者を探す必要がある。ペドラムは、同じようなプラットフォームを扱っているクラウドクレイズというシカゴの小さな企業を見つけた。クラウドクレイズの技術をコミュニティクラウドと組み合わせて、思い描いているようなサービスをユーザーに提供できないだろうか。ペドラムはクラウドクレイズのCEO、ビル・ランプーリディスにメールを送り、翌日返事を受け取った。ビルはニール・ヤングの大ファンで、音楽の購入と精算、支払いをするユーザーインターフェイスを作る機会に飛びついた。

ペドラムはつづく取締役会で、セールスフォースにソーシャル・ミュージックストアを構築するという案を提出した。セールスフォースの設立者マーク・ベニオフはニールの親友だったこともあり、提案は承認された。

通常、われわれのような小さな会社にはセールスフォースを使う金銭的な体力がないが、マークはPONOミュージックのニーズに合わせて価格体系を変更してくれた。おかげで、セールスフォースを企業・消費者間プラットフォームに変えることができた。セールスフォースは現在、企業・消費者間サービスも提供しているが、われわれとのパートナーシップがその種をまいたのではないかと、ペドラムは考えている。

音楽の保管

ソーシャル・ミュージックストアを構築する方法が見つかったので、次のステップは、音楽コンテンツを保存、供給、管理するという難題を解決することだ。当時、レコード会社から許可を得てハイレゾ音源を販売した経験のある企業はごく少数だった。その分野での草分けは、ロンドンに拠点を置くクラウドベースの音楽販売サービス会社のオムニフォンだ。ペドラムが彼らに連絡したところ、ここでもまたニールの名前がドアを開いてくれた。二週間後には、オムニフォンが三大レーベルからPONOミュージックに提供されるハイレゾコンテンツをすべて受け入れ、ミュージックストアやデスクトップのアプリケーションと接続するソフトウェアを使ってPONOプレイヤーで聴くことができるようにする、という契約を結んだ。

ＰＯＮＯミュージックのエンジニアがオムニフォンと数カ月かけてコンテンツを取りこみ、音質のチェックをして、アルバムのサンプリングレートとビットレートをファイルにタグ付けし、これらの情報をミュージックストアに送りこむ。この過程で、レコード会社とのやり取りで起きる問題点や非効率な点を見つけて解決し、オムニフォンのユーザーにも役立つことができた。

デスクトップ・アプリケーション

最後に必要なものが、ｉＴｕｎｅｓのように使えるデスクトップのソフトウェアだった。ＰＯＮＯのユーザーが購入した音楽をダウンロードし、ライブラリを管理し、プレイヤーに音楽を取りこむためのものだ。

ペドラムは、ウィンドウズ用のデスクトップ・アプリケーションを作っているＪリヴァーに連絡を取った。彼らの作るアプリケーションは、ｉＴｕｎｅｓに似ているが、技術者やオーディオマニア向けのため、使い方が複雑だった。ＣＥＯのジム・ヒルガスもニール・ヤングのファンだが、ＰＯＮＯに対しては懐疑的で、われわれが成功するとは考えていなかった。それでも、ＰＯＮＯブランドのデスクトップアプリケーションをＭａｃ用とウィンドウズ用の両方で作ることに協力してくれることになった。

ミュージックストアの構築は、PONOミュージック、セールスフォース、クラウドクレイズ、オムニフォン、Jリヴァー、そしてレコード会社が緊密に連携しなければやり遂げられない大仕事だった。どうしても技術的な問題が起きるので、それにも対処しなければならなかった。

わたしはプレイヤーを出荷するまでにミュージックストアが完成するとは思っていなかった。ペドラムの能力を疑っていたのではない——この分野でともに働いた人々のなかでも、彼は指折りのエンジニアだ。ただ、五社を巻きこみ、それぞれ同時進行で仕事をさせるという事業は、規模が大きく複雑なので、リスクや障害も多い。

しかし、ペドラムとエンジニアのチーム、そしてパートナーの企業のおかげで、ストアは期日までに完成した。二〇一四年十月に開催されたイベント、ドリームフォースで、さまざまに注目される新製品とともに、われわれはPONOミュージックストアのベータ版を発表した。ヴァージョン1・0は翌二〇一五年一月、コンシューマー・エレクトロニクス・ショー（CES）のときにリリースした。

Chapter 17 / Phil

第17章／フィル・ベイカー

さらに混迷する経営状況

わたしがプレイヤー作りに、ペドラムがミュージックストアの構築に従事しているあいだにも、会社の経営面で大事件が起きていたのだが、わたしは当時ほとんどそのことを知らなかった。ジョン・ハムは、就任当初から会社が資金難にあるのを知り、投資家を探していた。キックスターター・キャンペーンが成功したあとも、さらに努力をして少しずつ前に進んでいた。

投資家を見つける

ミュージックストア構築とそれに伴うソフトウェアの開発、そしてプレイヤーの生産の準備で、経費はどんどんふくらんでいた。それなのに、マーケティングの予算はなく、キックスターターの受注分を生産したあとどうするのかも決まっていなかった。ジョン・ハムは、まとまった金額、つまり三百万から四百万ドルを出資してくれそうな人々と面会しつづけた。数カ月に及ぶ苦労の結果、四百万ドルを出資してくれる個人投資家に出会った。出資条件のひとつは、新オーナーの意向を反映して取締役会の構成を変えることだった。

取締役会の顔ぶれは会社設立当初から同じで、あいかわらずテクノロジーのスタートアップ企業の経営経験のあるメンバーはいなかった。ハムと新しい出資者は、新オーナーの意向を反映して取締役会の構成が変わるのはよくあることだと説明し、取締役会に変更を提案した。

そのころ、リック・コーエンは会社の法律顧問だけではなく、数名の取締役の個人的な顧問もしていたが、ハムは利害の衝突が起きる恐れがあるとして、どちらか一方を選ぶようコーエンに要求した。

ニールとエリオットによれば、コーエンは閉じたドアの内側で、出資の申し出には裏がありそうだ、ハムが会社を乗っ取ろうとしているのではないか、ニールに近いメンバーを取締役会から排除するつもりなのではないか、と発言したという。

対立はたちまち激しくなり、取締役のうち何人かは、取締役会のメンバー変更を条件に出資するという申し出に交渉の余地はないと考えるようになった。ハムからのちに聞いたところでは、彼はこのような変更は有効な組織管理だと理解するために、別の法律家の意見を聞くべきだと、取締役会に提言した。だが、ニールもエリオットもその提言を聞き入れなかった。

ハムの解任

その結果、取締役会はハムを解任し、会社の法律顧問であるリック・コーエンを新しいＣＥＯに指名した。一から会社を作りあげた経験が豊富で、さまざまな企業に助言し、出資してきたハムと違い、コーエンは経験不足だった。法律事務所の経営経験はあっても、会社の経営にはまったく別の手腕を求められる。

のちにニールとエリオットと話し合ったとき、ふたりともＣＥＯ交替に賛成したのは重大なミスだったと認めた。エリオットがいうには、コーエンの大げさな反応に、ニールも彼も感化されすぎたのだ。「ニールもわたしも、ああいうことには疎かった」

ふたりは、ハムに敬意を抱いていたし、彼を解任すべきではなかった、出資の申し出を断ればよかったのだと語った。エリオットは、もともと自分は出資の申し出を断るつもりだったが、二枚舌や裏取引を疑ったり、ハムが会社を乗っ取ろうとしているなどという言いがかりを信じたりしたからではないという。ただ、ニールの影響力が弱まるのを心配したエリオットは、彼のためにベストだと思うことをするしかないと、最終的に判断したのだった。

ニールも、仕事仲間に対して誠実だった。あのときも、彼は会社設立当初から出資してくれた友人たちに誠実であろうとした。それに、自分の理想を理解していないかもしれない人物を入れることに不安もあったはずだ。

経営者が変わったことは、会社の生命力をますます弱めることになった。まとまった額の出資を得て、経験豊富なＣＥＯに経営をまかせられるチャンスだったのに、われわれはそれを逃してしまったわけだ。

ハムは現実的で行動の速いＣＥＯだった。ときにせっかちで自信過剰に見えることもあったが、頭がよく、場数も踏んでいた。つねに先を見据え、ものごとを俯瞰していた。出資金でマーケティングとセールスを支え、第二世代の製品の生産に取りかかり、新興の配信サービスを買収し、さらに出資者を増やそうとしていた。わたしの見たところ、それらのプランを取締役会にうまく伝えることができなかったこと、支持を得るための根回しをしていなかったことが、彼の敗因だった。それまで仕事をしてきた人々とは違って、ＰＯＮＯミュージックの取締役たちが経験不足だと知り、もはやつきあいきれないと感じたのだろう。

取締役側から見れば、ハムの説明は十分ではなく、長期的な視点で会社の将来を考えていることが理解できないまま、メンバー変更を迫られたようなものだった。ニールはいま、ハムを解任したことが会社にとって致命的だったと考え、悔やんでいる。

ＣＥＯが交替したタイミングは最悪だった。コーエンがＣＥＯに就任したのは二〇一四年の秋、われわれがプレイヤーの大量生産と出荷、ミュージックストアの立ちあげに奔走している時期で、数カ月後の一月には、ＣＥＳでプレイヤーの発売とミュージックストアのオープンを正式に発表することになっていたのだから。

Chapter 18 / Phil

第18章／フィル・ベイカー

大量生産の準備

ニールはＰＯＮＯプレイヤーの細かい部分にまで強い関心を抱いていたが、とりわけ音質と使い心地と、革新的な製品作りに関することには積極的に意見を出した。彼がまた文字どおり常識破りなアイデアを思いついたのは、フランツ・クラクタスとＰＣＨがデザインしたパッケージのサンプルについて、わたしと電話で話し合っていたときだ。サンプルは黒い長方形の厚紙でできていて、ｉＰｈｏｎｅのパッケージに似ていた。ニールはそれに満足せず、もっといいものが作れるはずだと考えた。

厚紙の容《い》れ物は、いずれ捨てられてゴミになる、とニールはいう。紙ではなく、竹の箱《バンブー・ボックス》を作れば、捨てられずにリユースしてもらえるのではないか。わたしはまず、コストがかなり高くなると思った。竹を扱ったことなどなかったし、竹製のパッケージなど見たこともなかったが、ニールのアイデアには惹かれた。これはすばらしい常識破りの体験になるかもしれない。竹のパッケージは、環境と本物を大事にするニールの信念を体現し、PONOの象徴になりうる。

ニールは、PCHと吟味したデザインのコンセプトをさらに発展させた。PCHはそもそも革新的なパッケージを数えきれないほどデザインしている。パッケージ部門の責任者、マシュー・シャルリエが、数日のうちにニールのスケッチをもとに数種類のデザインを考案した。グレッグ・チャオは、中国内で竹林が近くにある工場を数カ所訪問した。工場からは、小型家電のパッケージに竹を使おうとする会社ははじめてだといわれた。数週間かけて何個もサンプルを作った結果、完成したデザインは上品なものだった。スライドさせる蓋、プレイヤーと付属品がきっちりと収まるコンパートメント。PONOのロゴをレーザーで蓋に焼きつけると、電気製品史上もっともユニークで機能的で美しいパッケージができあがった。意外にも、コストは五ドルと、思ったよりかなり安かった。厚紙の箱にくらべても二ドル高いだけだ。サイズはイエローとブラック用の小さいサイズと、アーティストのスペシャルエディション用の大きいサイズの二種類を用意した。

ニールが最初に描いたバンブー・ボックスのスケッチ

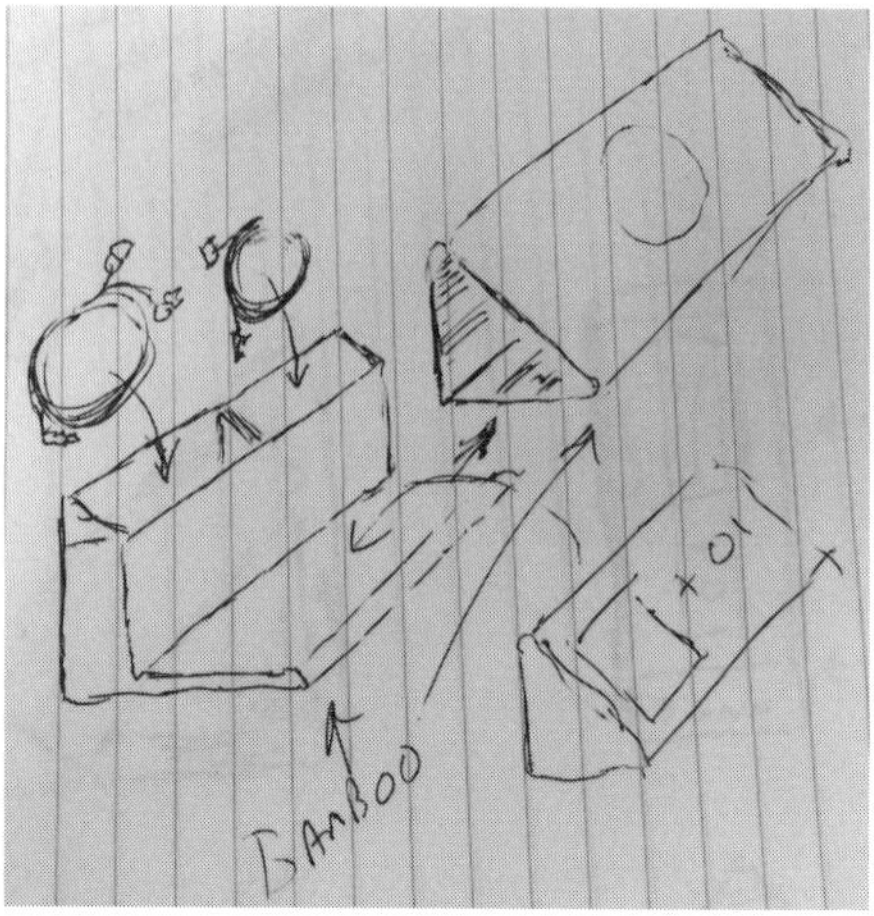

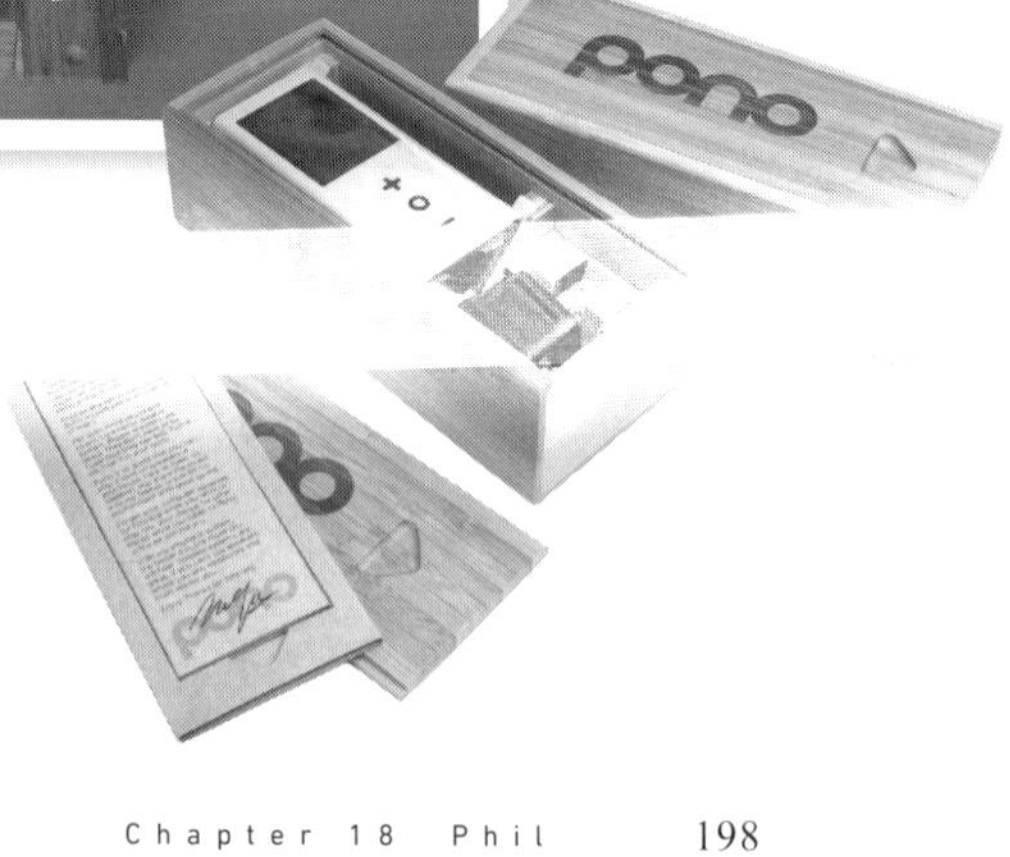

実物の写真

新しい生産ライン

大量生産を目前に、われわれは複雑なハードウェア作りにはよくある問題の数々を処理していった。なによりも、われわれはあらゆる面で前進していて、キックスターターで公約したとおり、十月末には製品を出荷できる目処《めど》がついていた。ＰＣＨが、厳重に警備されて部外者は立ち入り禁止となっているアップルの付属品の梱包工場からさほど遠くない場所に、新しい生産ラインを建て増ししていた。

ＰＣＨの仕事はすばらしかった。ラインの建て増しを担当したのは、生産チームのリーダーであるジェニー・ヤンと、生産量の増加に備えてＰＣＨがスカウトした製造業のベテラン、チャーリー・ノーランだった。ジェニーは出荷がはじまるまで、わたしに日々の進捗状況を報告してきた。ＰＯＮＯが組み立てられる施設内は試験操業に備え、組み立て作業をするステーション、ベルトコンベア、部品の詰まった袋で一杯になった。部品が到着するのを見ていると、数十個の試作機からついに大量の生産がはじまるのだと実感され、よろこびがこみあげた。なんとも表現しづらいが、それまでの苦労が報われるような、爽快な気分だった。

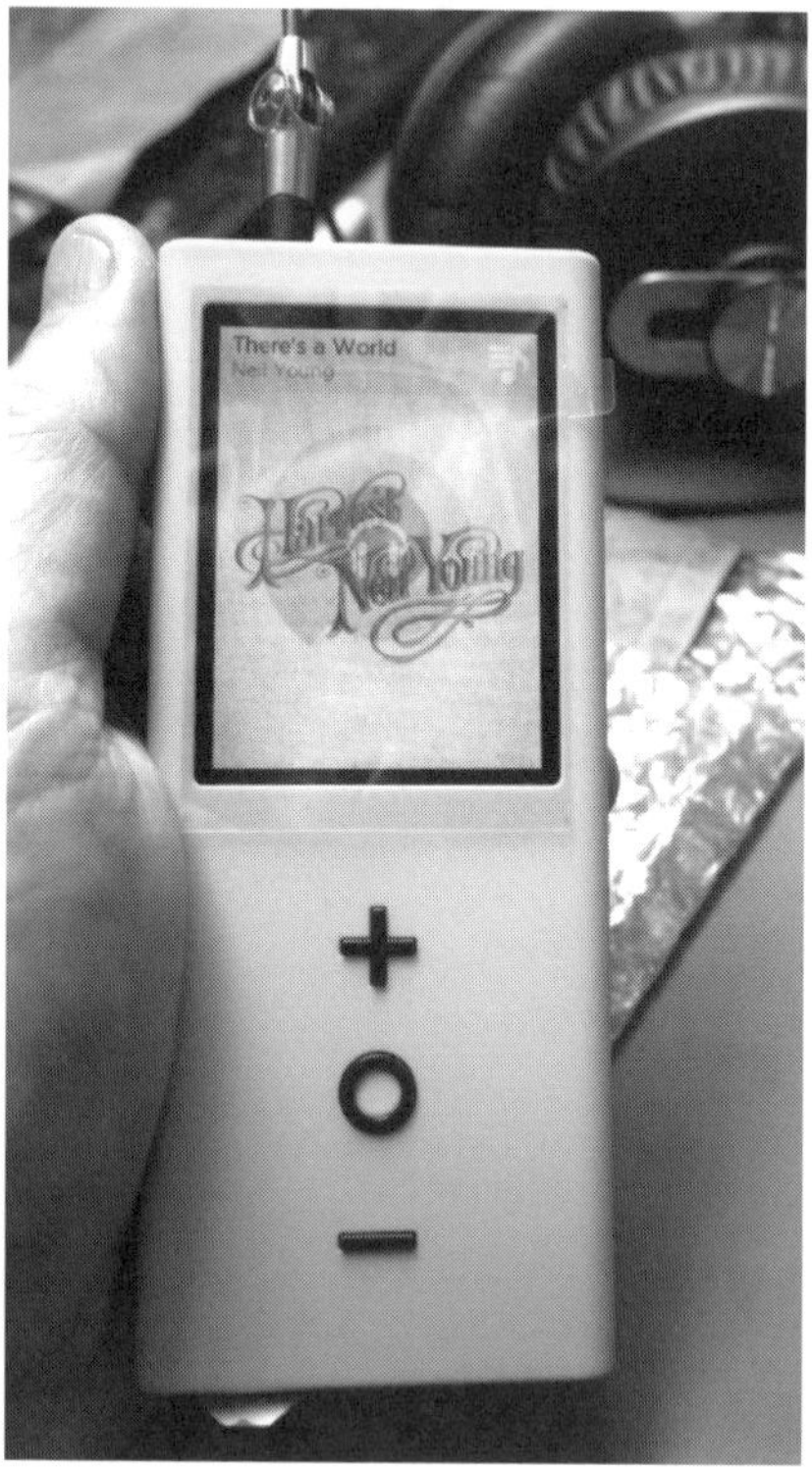

PONOプレイヤーの試作品

生産直前まで、プレイヤーの組み立てに必要な部品を探すことには苦労した。ＰＣＨと、部品探しをまかせていた元ヒューレット・パッカードの部長、レイノルド・スターンズは、数カ月間この問題に取り組んだ。チャーリー・ハンセンが設計を変更して電子回路を調整したため、ますます手間がかかった。変更がくわわるたびに、新しい部品を探し、大量に購入しなければならない。タッチスクリーンの問題とも格闘中で、構成部品をひとつひとつ検査し、組み立てたプレイヤーは一台一台、ハンセンが考案した精巧なオーディオテストにかけた。数百台を組み立てなければ、テストの結果はわからなかったが、終了してみれば不良品はゼロに近かった。結局、ハンセンの優れた設計は、大量生産にも向いていたことがわかった。あらゆるリスニングテストでチェックしても、オーディオのパフォーマンスは申し分なかった。われわれが目指していた音質、そしてオリジナルの設計よりかなり高音質の製品が完成したのだ。

はじめての披露

その数カ月前、コロラド州ボールダーのエアー・アコースティクスでハンセンに会い、最初の試作機を試聴したとき、わたしはすばらしい設計を提供してもらえると確信した。ハンセンは音響室にわたしを座らせ、背後にオリジナルのＰＯＮＯと彼が設計したＰＯＮＯを並べ、聴きくらべをさ

ドリームフォース2014でのニールとマーク・ベニオフ（右）

せた。そして、どちらの音が好きかと尋ねた。わたしはすかさずいい音だと思ったほうを答えたが、幸いそれが彼の設計だった。

生産に先立ち、サンフランシスコで開催されたセールスフォースの年次イベント、ドリームフォースで、われわれは十万人以上の参加者に向かってPONOプレイヤーをはじめて披露した。マーク・ベニオフのおかげで、セールスフォースが広い展示スペースを用意してくれ、そこでPONOをデモンストレーションした。防音ブースのなかでスピーカーを通して音を鳴らすほか、一ダースのPONOを用意して、訪れた人々にゼンハイザーやオーデジーのヘッドフォンで試聴してもらった。大勢の人々から返ってくる反応に、われわれは感激した。

最悪の事態に備える

わたしは製品の信頼性と品質を心配するあまり、起きるはずのない不慮の事故にまで備えるようになった。プレイヤーが納品されたあとに不良品だとわかったら、われわれはどうすればいいのだろう？　故障率はわからない。生産前のサンプルはすべて検査したが、欠陥は発見されなかった。ごくたまにディスプレイに問題があったり、ソフトウェアにバグが見つかったりしたが、プレイヤー自体は問題なく作動した。だが、数千個の新製品が消費者に渡ったあとにほかの問題がわかることがあると、わたしは経験上知っていた。それまでに開発したハードウェア製品は、一パーセントから二〇パーセントの返品率だった。ニールにこの話をすると、万一キックスターターの支援者に不良品が届いてしまった場合はすぐに交換するという、昔ながらのやり方で補償しようということになった。そんなわけで、念のために生産数を受注数の二割増しで設定した。

結局、返品は予想していたほど多くなかった。一年目で一パーセントにも満たなかったくらいだ——これは、発売から時間がたった製品であっても優秀な成績だ。

生産開始

二〇一四年十月初旬、ついに大量生産がはじまった。最初は一日に数十個のスローペースだったが、すぐに一日千個近くまで増えた。十月第三週までに、PCHは八千個を完成させた。わたしは中国へ飛び、出荷前の最終検査として製品を確認した。そのころには、製品を自分の手の甲のように知りつくしていた。PCHのクオリティエンジニアのノーマン・ジューと、PONOミュージックのグレッグ・チャオも検査をするが、わたしは自分の目で製品を見なければ気がすまなかった。任意の製品を選び、ユーザーがやることをすべてやってみた。ボタンを押し、タッチスクリーンを操作し、ヘッドフォンで音楽を聴き、本体の表面に傷がないか確かめた。

ドリームフォースでのPONOチーム

異音

香港へ飛ぶ前の日に、エリオットのアシスタントを務めるボニー・レヴティンから、ニールの友人に納品したばかりのプレイヤーが、内部でカタカタという異音がするので返品されてきたと電話がかかってきた。わたしは、そのプレイヤーをデイヴ・ポールセンに翌日必着で送り、原因を調べてもらうよう指示した。翌日、香港に到着したタイミングで、ポールセンから電話で報告を受けた。プレイヤーの内部を調べると、小さなネジがカタカタという音をたてていたという。回路板をとめた二本のネジのうち一本で、きちんと締まっていなかったためにゆるんでしまったようだ。わたしは、そんなこともあるだろうと思い、深くは考えなかった。

翌朝、ＰＣＨの工場へ行くと、八千台のプレイヤーができあがり、ぴかぴか光る透明のビニールフィルムに包まれてトレイに積まれ、あとはバンブー・ボックスに付属品と一緒に詰めこまれるだけになっていた。わたしはトレイのなかから無作為に百個を選んで隣の会議室へ運び、一個一個チェックした。生産チームのメンバー数人と、ＰＣＨのプロジェクトマネージャーのカルロス・マーティンもその場にいた。

生産されていくPONOプレイヤー

PCHのPONOプロジェクトリーダーだったカルロス・マーティン（左）とジェニー・ヤン

マーティンはジェニー・ヤンとともにＰＣＨでわれわれの担当窓口を務めていたスペイン出身のエンジニアだ。製品開発と生産の仕事をするため深圳に移住した。ＰＣＨでも屈指のプログラムマネージャーで、わたしとは二年間近く、週に何度か連絡を取り合っていた。ＰＣＨと協働するようになり、彼のおかげでＰＯＮＯの製品化にこぎつけたようなものだ。

わたしはテーブルから何個かのプレイヤーを取り、外見を検《あらた》めた。完璧に見えた。

そのとき、カタカタという音の件を思い出し、わたしは彼らにそのことを話そうとしたが、思いなおして一個を振ってみた。見ている人々は驚いたようだった。異音はせず、だれもが不思議そうな顔をしていた。わたしは次々と百個全部を振った。果たして、約三分の一から小さな異音がした。

あのときの全員の顔をまだ覚えている。口もきけないほどショックを受け、意気消沈した表情を。マーティンはいまにも泣きだしそうだった。これがなにを意味するかわかっていたからだ。普通は検査でサンプルを振ってみたりしないが、あの一個の不良品が、数千個のプレイヤーを梱包して発送する直前に、重大な欠陥があると教えてくれたのだ。

チームのメンバーは近くの会議室に招集され、エンジニアリング部門の責任者、ジョン・ガーヴェイから説明を受けた。彼はすぐさま、製造日と製造時刻の違う各ロットからサンプルを取り出し、パターンがないか確認するという方法を思いついた。数時間後にふたたび会議室に集まった全員の前で、ガーヴェイはホワイトボードに結果を書いた。異音のするプレイヤーはある三日間の早

ＰＣＨの生産チーム

ＰＣＨの生産管理チーム

番シフトの時間帯に作られていて、八千個のうちおよそ三千個が相当することがわかった。欠陥のあるユニットを担当したのはあるひとりの工員で、しっかりとネジを締めていなかった。彼女に正しいやり方を教えると、問題は二度と起きなくなった。

わたしが到着した日に製品を梱包し発送をする予定だったが、欠陥ロットの三千個をすべてあけ、異音がしてもしなくても、ネジがゆるんでいないか確認しなければならなかった。プレイヤーのケースは、凹凸を嚙み合わせたうえにシリコン接着剤で密閉しているので、あけるのは手間がかかった。ある工員がクレジットカードのような薄板の端に円筒状の取っ手をつけた道具を作り、継ぎ目を傷つけずに切れ目を入れる方法を考案した。わたしは、あとで修理ができるよう、エンジニアの提案どおりにケースの継ぎ目をふさがなくてよかったと思った。

出荷前に欠陥が見つかったおかげで、数千個を回収して修理するという大ごとにならずにすんだのは幸いだった。ＰＣＨを責めるつもりはない。新製品の大量生産を開始する際に、この手の事故はつきものだ。たったひとりの工員が手順を間違えていたり、適切な研修を受けていなかったり、指示に従わなかったりするだけで、大きな余波が起きる。あのとき欠陥を発見していなければどうなっていたか、想像もしたくない。回収交換に莫大なコストがかかるばかりか、ひどくいたたまれない思いに苛まれただろう。

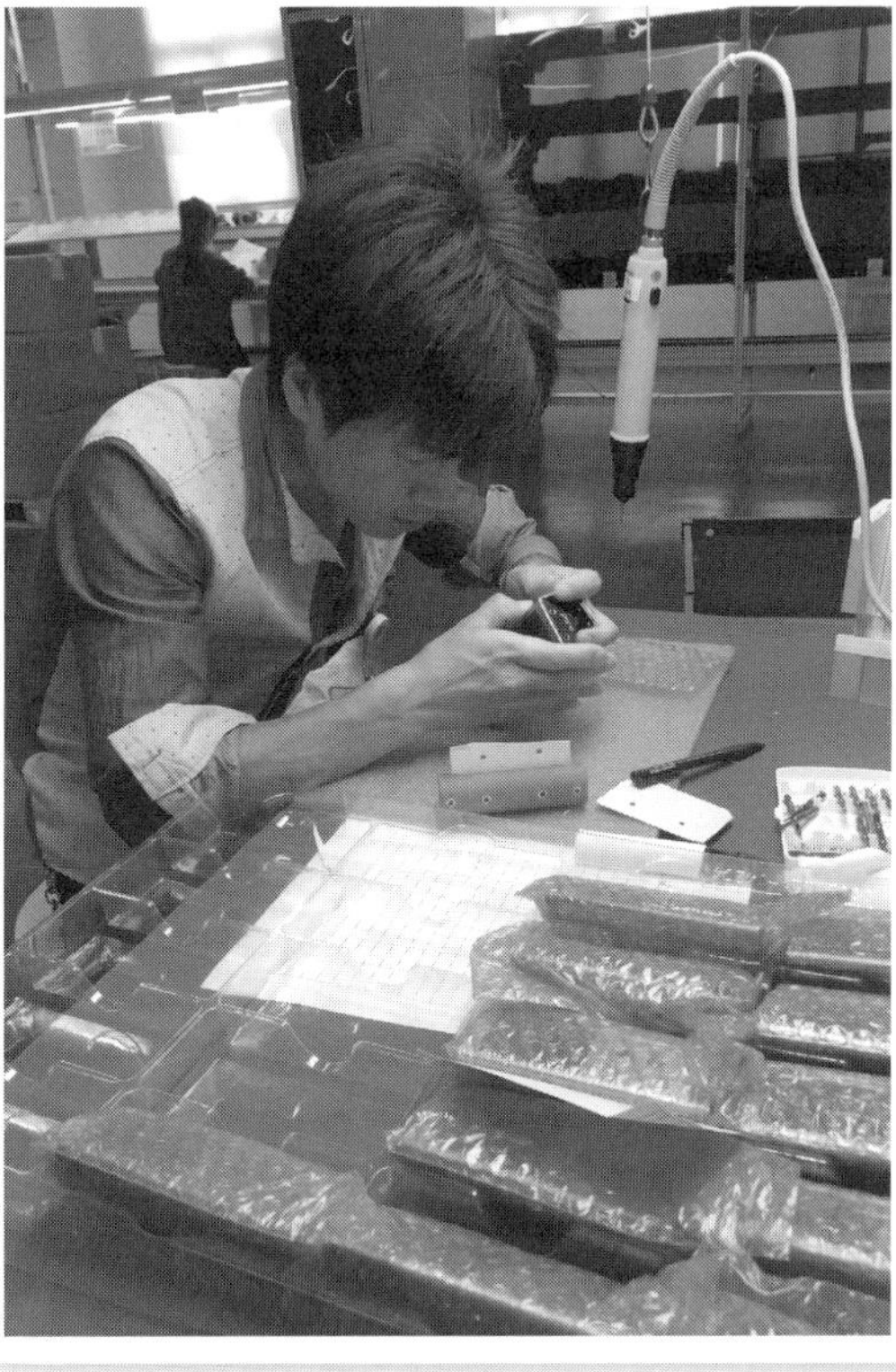

PCHでPONOを作りなおす

出荷

翌日には、われわれはかなり元気を取り戻していた。目の前で、ＰＯＮＯプレイヤーと付属品と取扱説明書、そしてニールからのメッセージがバンブー・ボックスに収まり、個々の配送用ボックスに入れられていく。わたしは発送作業場へ送られる最初のユニットについていった。そこではＵＰＳ（米の貨物運送会社。ユナイテッド・パーセル・サービス）のラベルを印刷している。二十ドルもかからない配送料で、世界中の顧客へ三日以内にプレイヤーが届くのだ。

一台目のプレイヤーは、ヨーロッパの支援者へ送られることになっていた。だが、ラベルが印刷できなかった。モニターには、この住所は存在しないと表示されていた。またもやキックスターターの問題点が明らかになった。支援者が登録した住所に間違いがないか、キックスターターでは確認していない。住所に間違いがあったら、ＵＰＳは小包を受け付けない。

結局、住所が間違っていたのは、この一件だけではなかった。一万五千人以上に配送したが、そのうち三百人以上にスムーズに送ることができなかった。キックスターター・キャンペーンの開始から配送までの半年間に、多くの支援者の住所やメールアドレスや電話番号が変わっていたり、登録された情報に不備があったりした。そのような人々を追跡してプレイヤーを届けるのに、さらに

最初のPONOプレイヤーを
発送するフィル

PONOの外箱

三カ月を要した。

思いがけない問題は、これで終わりではなかった。オーストラリアとイスラエルでは、製品が税関で止められた。この二カ国では、数カ月かかる素材検査を受けなければ、竹製品を輸入することが禁止されている。そのため、送った製品が返送され、紙箱に詰め替えて再送しなければならなかった。

キックスターターの支援者への発送は十月にはじまった。十月三十一日に第一弾を、残りは十一月から十二月のはじめにかけて発送した。最後のユニットはちょうどクリスマス前に発送を終えた。キックスターターの基準では、これは非常に優秀な仕事だったらしく、われわれも満足した。プレイヤーを受け取った支援者たちからは、多くの絶賛の声が届いた。

PONOコミュニティ

キックスターター・キャンペーンが二〇一四年四月に終了したのちも、支援者たちがオンラインの会議室でPONOや音楽の話をしていることは、われわれも知っていた。イギリスのイアン・ケンドリック、テキサス州のカイル・フレンチ、フランスのエデュアール・ニュイエン、イスラエルのリッチ・グロスが、おたがい一度も会ったことがないにもかかわらず、自然とネット上で集まり、非公式のPONOコミュニティを作っていた。

　オンライン会議室では、PONOやハイレゾ音楽、ニール・ヤング、自分たちの好きなアルバムなど、音楽に関するあらゆることが話題になっていた。ケンドリックの言葉を借りれば、土曜日の午前に音楽ファンが贔屓《ひいき》のレコード店に集まって好きな話題で盛りあがるのをオンラインでやっていたのだ。ただし、毎日二十四時間、それをやっていたわけだが。

　参加者が増えるにつれて、会議室はPONOについてなんでも語れる場所になっていった。参加者は驚くほど親切に助け合い、われわれも助けられた。製品にバグなどの問題点が見つかると、真っ先に報告があった。正しく使えば、興味関心の似た人たちが集まり、彼らにとって重要な話をすることができ、理解力のある人々に見てもらえるという、インターネットのいい面を示す好例だ。また、小さな企業が顧客とつながることができる。双方向のコミュニケーションは、両者のためになる。製品を発送し、オンラインストアを立ちあげたあと、すばやくユーザーからフィードバックを得て、成功した点、改善の必要な点がわかれば、企業にとってこれほど役に立つことはない。何度もテストをしていても、数百数千のユーザーが製品を使うと新たな問題が見つかり、肝を冷やすのがつねだ。

　われわれは、ユーザーがすばらしいことをしてくれていると考え、セールスフォースのプラットフォームを使ってPONOミュージックのウェブサイトを開設するので、そこで非公式のコミュニティとして活動をつづけてくれないかと、彼らに打診した。ケンドリックたちがすぐに了承してくれたので、会議室はウェブサイト内に移動した。

たちまち世界中で五万人が参加するコミュニティができあがった。会議室の話題は多岐にわたり、何十ものスレッドが立ちあがった。たとえば、ＰＯＮＯをバランス駆動（ヘッドフォンプレイヤーを、四本の信号線で駆動する方法。対応するヘッドフォンが必要）で聴くにあたって最善のケーブルはなにか、という議論があった。あるメンバーが、さまざまなメーカーのケーブルで試聴し、よかったものを推薦した。われわれもこの会議室を利用し、いちはやくメンバーに準備中のアップデートについて知らせた。

多くの会議室と同様に、〝荒らし〟を防ぐのはかなりの労力が必要だった。また政治的な対立を煽ったり、偏見を助長したりする投稿をあげる人、関係のない話題で論争を吹っかける人が、どうしても出てくる。四人の管理人は本業も持っていたが、それぞれが週に三十時間以上もかけて会議室を守ってくれた。彼らにいわせれば、好きだからやれる仕事、だったのだろう。

Chapter 19 / Phil

第19章／フィル・ベイカー

反響

ＰＯＮＯプレイヤーの出荷がはじまると、音楽やオーディオやテクノロジー関連のメディアに記事が掲載されるようになった。キックスターターの返礼品としてプレイヤーを受け取った人々も、おもにアマゾンに感想を投稿した。音楽とオーディオ関係のコミュニティと新しいオーナーたちは絶賛してくれた。ニールとＰＯＮＯミュージックが約束どおり、いままでにない、何千ドルもするプレイヤーにも負けない高音質のプレイヤーを作ったという感想が多かった。

たとえば、二〇一五年三月、オーディオ製品の有名レヴューサイト、「インナーフィデリティ」に、ティル・ハーツェンズがこんな感想を投稿してくれた（＊8）。

PONOプレイヤーは驚きに満ちた音楽体験だった。ニール・ヤングのメッセージは、わたしの目にはPONOプレイヤーの性能を誇張しすぎている——彼の〝音楽を救う使命〟という熱意に、客観的に応えることなどできないのではないか——ように映ったか、そのわたしですら、PONOプレイヤーは彼の意志の真髄を伝えることに成功していると思う。このプレイヤーは価格以上のすばらしい音がする。わたしの耳には、過去最高の携帯用デジタル音楽プレイヤーである。

ほかのプレイヤーと並べてブラインドテストをしてみると、PONOは高音部において、なめらかさと鮮明さが際だっていた。客観的に見れば、音の違いは大差なかった——わたしが持っているプレイヤーはどれもよく鳴る。しかし、しばらく聴いているうちに、わたしはPONOプレイヤーの微妙な美点に気づいた。音楽とわたしのあいだに、心地よい感情のつながりをもたらすのだ。それはとても私的な体験だが、愛好家たちにすばらしい音楽的体験であると広く支持されてきた製品の数々を聴いてきた経験に照らせば、PONOプレイヤーはまさに音楽的と分類されるだろうと考えざるを得ない。

彼はＰＯＮＯの変わった形状とスクリーンの小ささを批判したが「ＰＯＮＯプレイヤーのサウンドを非常に気に入ったといっておこう。シンプルだが上質なサウンドで、なおかつ手頃な価格の携帯用プレイヤーを求めているなら、ＰＯＮＯプレイヤーを第一の候補とすべきだろう」と締めくくっている。

ユーザーの感想はどれも熱烈なものだった。次は、カナダはオンタリオ州トロント在住のマイケル・ファレルから届いたメールだ。

　わたしにとってＰＯＮＯプレイヤーは天啓でした。ＰＯＮＯプレイヤーで聴くハイレゾ音源の鮮やかかつ深みと広がりのある音は、いままで聴いたことのある生の音楽に肉薄します。本体は軽く、手にしっくりとなじみ、操作しやすい。バランス駆動で音楽を再生すると、音質も、楽器の音の違いがはっきりとわかるところも、わたしの知る限り最高です。ＰＯＮＯプレイヤーがわたしの音楽体験を豊かにしてくれたことに感謝します。じつにすばらしい製品です。

好意と敵意

しかし、消費者家電のプレス関係者の批評は否定的だった――敵意すら感じるものもあった。彼らの批判は、プレイヤーの性能に直接関連するものより――ろくに聴きもしないで書いている人ばかりだった――ハイレゾ音楽の必要性に疑義を呈するものが多く、音の違いがわかるのかと疑う批評家もいた。

デイヴィッド・ポーグという「Ｙａｈｏｏ！」の記者は、キックスターターでプレイヤーを手に入れ、レヴューを書いているあいだに、わたしにメールで質問を送ってきた。わたしはポーグの影響力を考え、ニールから彼に返信してくれないかと頼んだ。ポーグはニールのメールに、次のように返信してきた。

ありがとう、ニール……ほんとうに光栄です！

感謝しつつ拝読しました。わたしはＰＯＮＯのハイレゾ音楽を、ｉＴｕｎｅｓストアで買った音楽、つまり〝ローレゾ〟のＭＰ３ファイルをずいぶん改良させたものと比較していたのですね……おそらく、あなたとわたしでテストの結果に違いが出たのは、そのせいでしょう。

なんにせよ、記憶容量が格段に増えた現代において音楽を圧縮する必要はないというあなたの考えは、まったく正しいし、ＰＯＮＯのおかげで偉大な音楽がリマスターされるのはすばらしいと思います！

わざわざのご返信に、あらためて感謝申し上げます！

――ｄｐ

ところが翌日、〝ニール・ヤングのＰＯＮＯプレイヤー　王様は裸だ〟と題し、ニールと彼の努力を揶揄《やゆ》するポーグの記事が掲載された。アップルのイヤフォンとｉＰｈｏｎｅで聴く音楽と、ＰＯＮＯプレイヤーで聴く音楽を被験者にくらべさせたところ、有意差のある結果が得られなかった。よって、ＰＯＮＯとハイレゾ音源の組み合わせは普通の音楽ファイル再生となにも変わらない、というのが彼の結論だ。だが、選んだＣＤからテストの方法まで、テストは穴だらけで、多くの読者がそう指摘した。

わたしはニールに電話をかけ、ポーグのレヴューにどう対応するか尋ねた。ニールは「放っておけばいい。違いがわからないのなら、損をするのは彼なのだから、買わなければいいだけのことだ」といった。だが、ダメージは受けたし、ポーグの影響は残るだろう。

わたしは十二年間、サンディエゴの新聞で週に一度テクノロジーのコラムを連載していたので、テクノロジーのジャーナリズムの世界には多くの優れた書き手がいる一方で、他人の意見を模倣するしか能のないブロガーも多いことを知っていた。彼らは自分の言葉で書くことをしない。ポーグのレヴューも、〝まやかしの清涼飲料水〟だの〝ＰＯＮＯプレイヤーはクソだ〟だの〝ニール・ヤングのＰＯＮＯプレイヤーはただのガラクタらしい〟だの〝ニール・ヤングのバカ高いＰＯＮＯプレイヤーはｉＰｈｏｎｅと変わらない〟だのと題したブログに取りあげられた。

テクノロジーのコミュニティのレヴューに散見されたニールとＰＯＮＯへの悪意と冷笑と敵意に、わたしは落胆した。テクノロジーを語る者はほとんどいなかった。それよりも、ニールの努力が失敗だったとする論調が多く、あからさまに嘲笑する者もいた。

それでも、オーディオの質に厳しいリスナーのコミュニティからは、ＰＯＮＯとミュージックストアへの賞賛が続々と届いた。有名なオーディオ雑誌「ステレオフィル」の編集者、ジョン・アトキンソンはＰＯＮＯを褒め、〈デジタル・コンポーネント・オブ・ザ・イヤー〉に選んでくれた。

製品そのものの実力で評価しても、ＰＯＮＯプレイヤーはよくできた高性能の携帯プレイヤーであり、従来の高級オーディオシステムとくらべても引けを取らず、しかも価格は適正かつ手頃だ。ＰＯＮＯミュージックワールドというアプリと組み合わせれば、高音質の音楽を再生するプラグ・アンド・プレイ・ゲートウェイとなる。

ニールはアトキンソンと読者に、次のようにメッセージを送った。

編集者様

「ステレオフィル」の読者諸賢にひとことご挨拶を。PONOプレイヤーとその音楽を理解してくださったジョン・アトキンソンと「ステレオフィル」の編集部に、個人的に感謝を申し上げたい。わたしがはじめてPONOを作らなければならないと感じたのは、MP3と音楽配信が主流になり、わたしたちと音楽とのつながりが失われてしまったと気づいたときだ。PONOの目標はシンプルだ。音楽をわたしたちみんなの手に取り戻すこと。しかし、それを実行、実現するのは、いささか難しかった。PONOを使う人々が増えるにつれて——いまでは四万三千人に届こうとしている——音楽は人間らしさを作るものの核心にあるということが、ますますわかってきた。音楽は言語より先に生まれ、わたしたちの文化のもとになったのではないか、という最新の知見がある。さまざまな意味で、音楽とは人間そのものだ。わたしたち人間には、音楽を作り、受け取り、分かち合いたいという欲求が生まれつき備わっている。音楽がなければ、わたしたちは不完全なままだ。

わたしにとって、初期のデジタル音楽作りのシステムは満足できるものではなく、ゆえにわたしたちの音楽への基本的な欲求を満たすものでもなかった。とにかく、水準に達していなかった。音は鳴るが、わたしたちの魂に触れるはずの音楽が、まったく別物になっていた……。

多くのミュージシャンが、PONO作りに参加してくれた。わたしたちはただ、オーディエンスと正直につながりたい。なにものも介在させず、なにひとつ付け足さず、なにひとつ削らない。わたしたちは、先頭に立たされたアーティストだ。自分が作る音楽を、自分に聞こえるのと同じ音でリスナーに聴いてほしい。音楽はわたしたちの命なのだから、劣化したものを聴かせたいわけがない。PONOは旅、未知の物語だ。物語はまだはじまったばかり、第一章だ。来月も再来年も物語はつづくだろうが、そのあいだにわたしたちはともに音楽をみんなの手に取り戻すことができるかもしれない。ジョン、あなたのように、多くの人々がPONOプレイヤーで音楽を聴くとひとりでに体が動きだすといっている。本物の音楽とはそういうもので、だからわたしたちには音楽が必要なのだ。音楽はわたしたちを動かす。音楽は万人に通じるもの、わたしたちみんなのものであり、わたしたちをつなぐものだ。音楽は個人を越え、結びつける。わたしたちはひとつだ。

だれもがPONOに刺激され、駆り立てられるのは、そういうことだ。わたしたちは音楽を取り戻したい。音楽を取り戻すことで、わたしたちは人間になれる。

ありがとう《マハロ》

PONOミュージック社長

ニール・ヤング

PONOに対する批判の要因は、新製品を市場に送り出す現代の企業の多くがよく知っている、ごくありふれたものだ。まずあげられるのが懐疑論だ。自分はだまされていると思いこみやすい人はいるものだ。それから、なんでも批判しなければ気がすまないという性質の人もいる。低音質の音楽に満足していたのに、それでいいのかと問い詰められたような気がして、ハイレゾ音楽に金を払いたくない人もいるだろう。批判的なライターはインターネットのどこにでもいるが、彼らは論争を起こすことでクリック数を稼ごうとする。そうすれば、より多くの広告料が懐に入ってくる。人をぎょっとさせ、扇情的で目を引くような見出しをつけるのは、そのためだ。わたしは、PONOのディスプレイが小さいとか、形状がよくないという批判が不当だといいたいのではない――彼らがオーディオの性能をけなしてはいないことはたしかだ。性能は客観的に見ても傑出しているのだから、批判しようがないだろう。

PONOの開発チームは、批判に腹を立てるというよりも落胆した。われわれがひとり残らず、

ＰＯＮＯは唯一無二の製品であり、それを作ったことを誇りにしていいと思っていたのは、根拠があってのことだったからだ。われわれは真実を知っていた。ほかの人々にはわからなかったかもしれないが。

われわれが伝えたいことは、あらゆる人々に気に入られる製品などないということだ。ＰＯＮＯを作った目的は、オーディオの水準をあげて、いい音を楽しむ手段を提供することだ。ストリーミングの利便性と競争するためではない。むしろ、その反対だ。現状では、いい音が利便性と引き換えになっている。ＰＯＮＯは、いい音をわかる人々が音楽を聴くための新しい手段だ。わからない人、音質などどうでもいい人にわかってもらえなくても、それで結構だ。

Chapter 20 / Phil

CES

第20章／フィル・ベイカー

毎年一月にラスヴェガスで開催されるコンシューマー・エレクトロニクス・ショー（CES）は、電化製品を開発する企業のほとんどすべてが、大きな期待を抱いて参加するイベントだ。企業はそれぞれの最新作を発表し、世界中から十五万人以上がその発表目当てにやってくる。

われわれは、二〇一五年一月のCESでPONOを世界中の報道関係者に紹介し、さらに多くの媒体で取りあげられるようになるきっかけにするつもりだった。キックスターターの返礼品を送り終えて一カ月後、ミュージックストアもベータ版からヴァージョン1・0に変わる時期で、タイミングも申し分ない。
ショーでは小さな展示スペースを割り当てられ、ハードロック・ホテルのハーマン・インターナショナルの展示スペースにある小さな商談コーナーも使えることになった。世界屈指のオーディオ機器メーカーのハーマン（現在ではサムスン傘下）がわれわれにスペースを貸してくれたのは、数カ月前からつづいていた交渉の結果だ。ニールがハーマンのＣＥＯディネシュ・パリワルと会ったときから、両社は企業提携の可能性を探りはじめた。ＰＯＮＯミュージックは資金を必要としていたし、われわれが高品質なオーディオ機器作りで得た経験から、ハーマンも得るものがあるのではないだろうか。

一見、見込みはありそうだった。ハーマンはさまざまなブランド名のもと世界中で製品を販売しているので、マーケティング力があるし、カーオーディオの設計から供給まで請け負う企業としても世界有数だ。われわれは、ＰＯＮＯのエレクトロニクスと音楽をカーオーディオに組みこみたい、ついてはハーマンと共同開発できないかと考えていた。話し合いは進み、ＣＥＳの最終日に、幹部レベルで契約を前提にミーティングを開くことになった。

ＣＥＳが幕を開け、ニールがオフィシャル広報誌の「ＣＥＳデイリー」の表紙を飾った。ニールは会見を開き、世界中から取材にきた記者たちと会った。インタビューは、数々の雑誌や新聞やウェブサイトの記事になった。とくにデモンストレーションを聴いた記者たちは、テクノロジー関

ペドラム・アブラリ（CES2015にて）

係者にくらべてはるかにニールとPONOに好意的だった。

五日間のショーが終わりに近づき、PONOミュージックとハーマンの幹部ミーティングが開かれた。ハーマンはPONOに二百万ドルを出資し、次の製品開発のためにエンジニアを派遣することに同意した。交換条件として、彼らはニールがPONOの製品だけでなくハーマンの製品も推奨することを提案した。広告に出演したり、イベントに登場したり、マーケティング活動に協力してほしいという。

PONOの製品だけならまだしも、どんな製品でも推奨することには、ニールは同意できなかった。エリオットにいわせれば、ニールはコーヒーメーカーの広告塔だったジョー・ディマジオとは違い、〝オーディオのジョー・ディマジオ〟になる気などないのだ。推薦できない製品を金のために宣伝したことはそれまでなかったし、いくら出資金を積まれても、そうするつもりはなかった。

そんなわけで、交渉は決裂した。

この件は、なんとか契約にこぎつけようと尽力していたペドラム・アブラリをひどく落胆させ、彼にとってターニングポイントとなった。ペドラムは、ハーマンと提携すれば前に進めると考えていた。だが、契約が結べなかったことでPONOミュージックの発展は見こめないと思った彼は、数カ月後に新たなチャンスがめぐってきたとき、退社を決意した。

Chapter 21 / Neil

第21章／ニール・ヤング

自動車とハイレゾ

ＰＯＮＯの音楽を友人のアーティストに聴いてほしくなると、わたしは車のなかでそうしていた。音楽を聴くには、車は最適な環境だ。わたしは以前から運転しながら音楽を聴くのが好きだった。車のなかで聴く音楽はいい音がするし、ほとんど邪魔が入らない。高級な機器は必要ない。性能のいいアナログステレオアンプとスピーカーが何個かあればいい。一般的には、前部に二個、後部に二個、それとサブウーファーだ。飛ぶように過ぎ去っていく世界で車を走らせながら音楽を聴くこと、それがわたしの大きなよろこびだ。

友人たちにＰＯＮＯのデモンストレーションをするときには、七〇年代のキャデラックのアナログシステムを使った。スピーカーは純正のものを使い、さまざまな解像度の音楽をトランクに積みこんでアナログアンプとスピーカーで聴いた。スピーカーに音を送るためのいいアナログアンプを積みこんでいたが、スピーカーは取り替えていない。車体を壊したくなかったからだ。

百人ほどのアーティストにさまざまなフォーマットから一種類を〃即断即決〃で選んでもらい、ハイレゾと聴きくらべてもらった結果、九八パーセントがほかのフォーマットよりハイレゾを聴きたいと答えた。ほかのフォーマットには、ＣＤ、ＭＰ３、アップルのファイルなどがあった。なんの細工もせずに比較してもらったが、彼らの答えに迷いはなかった。アーティストは違いを感じ取ることができる。いや、だれだって感じ取れるのだ。テスト環境ではわからない人もいるかもしれないが。聴けば聴くほど、いいサウンドの価値がわかるようになる。音楽を感じよう。音楽とは感じるものだ。ささやかだが、大きなことだ。

現在、カーオーディオシステムはすべてデジタルであり、音楽もデジタルになっている。ところが、オーディオ機器メーカーは、高性能のＤＡＣでデジタル音楽をアナログに変換し、アナログコンポーネントで増幅してスピーカーを鳴らすのではなく、まったく違うことをする。残念ながら、音楽にとっては有害な傾向だ。

わたしは少なからずの自動車メーカーを訪れ、カーオーディオの品質の低下について話し合った。

どんな話をしたか、いくつか例をあげよう。

リンカーン

フォード・モーターの子会社リンカーン・モーターカンパニーのアラン・ノートンとはずっと連絡を取り合っていた。アランはカーオーディオシステムを作っていて、ハイレゾのサウンドとより高性能のオーディオを将来のリンカーンに組みこむ方法を模索していた。わたしはアランを気に入り、彼の存在を心強く思った。アランはPONOを買ったあと、サウンドがすばらしいという感想とともに、リンカーンの社長とオーディオチームのメンバーに会ってほしいというメールを送ってきた。リンカーンにPONOプレイヤーを搭載できないか、話し合いたいという。

わたしはよろこんでミシガン州ディアボーンのフォード本社へ飛んだ。広々とした会議室で彼らと会ったときのことは、よく覚えている。リンカーンのオーディオ機器を作っているメーカーの社員やフォードのベテランたちで、部屋は一杯だった。アシスタントがスターバックスのコーヒーを全員に配った。ちょうどそのころ、わたしは遺伝子組み換え食品の表示を義務づけるヴァーモント州条例の差し止め訴訟を支持したスターバックスを批判し、『ア・ロック・スター・バックス・ア・コーヒー・ショップ』をリリースした。もちろん、わたしは礼儀正しく黙っていた――が、コーヒーは飲まなかった。

　リンカーンのチームが、構想中のオーディオシステムについて説明した。彼らによれば、すごいものになるらしい。システムはデジタルテクノロジーを基本に、さまざまな最新機能を搭載するそうだが、わたしは本物のオーディオのクオリティにはまったく関係がなさそうだと思った。たとえば、自動車は速く走るから、スピーカーは〝時間的調整《タイムアライメント》〟機能のあるものでなければならない、とか。車が走る速度に合わせてスピーカーを調整し、ちょうどいいタイミングで後部座席に音が届くようにするとか、そのような話だった。構造がいろいろと複雑な車のなかでは、再生も時間的調整をしてバランスを取らねばならないらしい。そのため、それぞれのスピーカーにデジタル信号をアナログ信号へ変換するコンバータを内蔵し、デジタル処理チップとデジタル増幅チップでオーディオ信号を処理する。車内の複数の場所にサイズの違うスピーカーを設置するのだろうと、わたしは理解した。

　このプレゼンテーションについて考えてみよう。わたしはできるだけ先入観を持たないように努めた。だが、純正主義者のわたしから見れば、まったく胡散《うさん》くさい話だった。第一に、車の走るスピードは音速にはほど遠いのだから、車の前部から後部へ届く音に時差があるはずがない。第二に、余分なコンポーネントは音を汚すと、わたしは感じていた。調整で変化させるとしても、初っ端から濁った音がする。彼らはこれが進歩だと考えているようだが、アイデアもコンセプトも、わたしにはほとんど無意味なものに思えた。

わたしの考えでは、最良の音質を確保するには、信号処理はたった一度だけ、スピーカーで鳴らすためにデジタル信号をアナログへ変換するだけでいい。ほんとうにいいものを取り去り、大量の安価なDACと低コストのデジタル増幅チップを車のあちこちに置き、それが〝最新機能〟だといって値段をつりあげる。性能のいいDAC一個で高音質のアナログアンプに音を送るほうが、はるかに低コストでいい音を聴けるのに。

車の全体的な構造も、リンカーンのチームが説明した特殊な効果も、スピーカーの数も、オーディオ設計者やコンポーネントメーカーが売りこんできたのだが、リンカーンと顧客に、実際よりもいいものだと思いこませるだけのものだ。

優れたマーケティングだが、音質とはまったく関係ない。多くのデジタル処理を重ねて、防音室で録音したものをあたかもコンサートホールで録ったかのように加工したり、低音部を増幅して響かせたり、いろいろなことができるが、いい音を作れるわけではない。余分なコンポーネントは音を劣化させ、人工的にするだけだ。システムでクソを磨いている。だから、現代の新しい車のオーディオは以前の車にくらべていい音がしない。デジタル処理のやり過ぎだ。

ほんとうに奇妙なことだ。わたしは昔から車のなかでAMラジオを聴いていたが、いまの新しい車よりも音楽から多くのものを聴き取ることができた。

もっと本物の音を。もっと音楽を。もっと感情を。

車にPONOを組み込む

エンジニアの説明を聞いたあと、一階のラボでテストカーのシステムを試聴し、PONOを試すことになった。わたしは、既存のデジタルアンプやDACなど、音を加工するものは一切使わないでくれと頼んだ。アナログアンプを必要最低限のスピーカーに接続し、PONOでハイレゾ音源を再生してほしいと。

PONOを接続し、全員が順番に車に乗り、音を聴いた。サウンドのすばらしさに、多くの人が驚いた。わたしやアデルの曲など数曲と、彼らのテストファイルから数曲を聴いた。彼らはほんとうに恐れ入ったようだった。デジタルには詳しく、デジタルでできるさまざまな奇術に魅せられて、デジタルと結婚したエンジニアたちは、目を開かされたらしい。

余計な機能は音質をだめにすると、わたしは考えている。救いの主は純正の設計だ。

リンカーンのエンジニアたちは、頭はいいが、なんでもデジタルの現代において、アナログオーディオのことはよくわかっていなかった。デジタルのおかげで選択肢が広がったためで、過度に取り入れてしまい、わたしが想像もしなかったようなことまでやっている。特殊なバックグラウンド音を音楽に重ねたのだ。

なにを聴いても雑音がする！

テストカーを運転しながら彼らのサウンドシステムを試聴していると、なにかがおかしいことに気づいた。なにかが音を濁らせている。彼らに質問すると、実際は四気筒エンジンの車なのに、力強さを演出するために八気筒エンジンの音を鳴らして本物のエンジン音を隠しているのだという。

わたしはそのとき、自分が直面している問題の大きさを思い知った。

正気の沙汰ではない。こんなことで音のクオリティが向上するものか。

テスラ

オーディオについて勘違いしているのはフォードだけではなかった。わたしは、テスラのイーロン・マスクにもこの話をした。わたしは、テスラの車にＰＯＮＯを搭載してほしかった。テスラの一台を分解して新しいＰＯＮＯのコンポーネントを組み込み、現在製造している新車と比較してもらいたいと考えた。サウンドが格段によくなるのはわかっていた——はっきりとよくなるのだから、だれが聴いても気づくはずだ。

最初にこの話をしたとき、イーロンは、うちの車はデジタルマシンだといった。つまり、彼もテスラのエンジニアも最新機能が大好きだということだ。デジタルが可能にするなめらかな操作性が好きなのだ。携帯電話を運転するようなものだ。

　もちろん、アナログのサウンドをデジタルでコントロールし、両方の最良の面を引き出すことはできる。わたしは、そのシンプルな方法をテスラのオーディオエンジニアたちに説明した。彼らはわたしのいいたいことを悟ったとたん、話をさっさと切りあげようとした。煎じ詰めれば、わたしが彼らの仕事をなくそうとしていると思ったのだろう。わたしはイーロンと会い、とりあえずPONOプレイヤーを彼の車にケーブルでつなげ、いま彼が使っている信号処理との違いがわかるかどうか試してほしいと説得した。テスラの名前にふさわしい音がするはずだ。

「アナログアンプを使ってPONOを接続するだけでいいんだ！」わたしはいった。とにかく彼にPONOの音を聴かせ、感じてほしかった。

　だが、イーロンは、わたしが〝デモンストレーション〟のなかでPONOをケーブルで接続するといったことに当惑した。「いや、ケーブルは使えないんですよ」簡単な試聴をするのにケーブルが必要というだけで、彼は完全にわたしの話に興味を失った。

　彼がここまで愚かだったとは信じられない。話はこれで終わらなかった。わたしの見たところ、彼は自分がすでにすばらしいオーディオ作りをしていると思いこみ、わたしを追い払いたがっていた。テスラの車に改善点があるかもしれないと認めようとしないのは感心できないと、わたしは思った。テスラのすばらしい（ほんとうにすばらしい）自動車工学が生み出した作品を改善する方法があるのに、それを学ぼうとしないのは残念だった。それでも、彼にわかってもらうことはできなかった。彼は、自身のやり方に間違いはなく、すでにあるもの以上のものはできないと考えているようだった。

イーロンは何度もいった。「うちの車は最高です。あらゆる賞を獲っている。最高のサウンドだ」

わたしはつづけた。「ああ、最高のサウンドというのは、ＭＰ３プレイヤーのことか？　冗談だろう」

テスラにはその動力システムだけでなく、オーディオでも別格のブランドになってほしかった。だが、イーロンにわたしの真意は通じなかった。似たような人はいくらでもいる。エレクトロニクスには詳しい、ソフトウェアには詳しい、とても賢い人たち。彼もそうだ。しかし、彼らにも知らないことがある。音楽だ。だれにでも音楽が聞こえるわけではない。だが、チャンスを与えられれば、感じるはずだ。

このような企業のリーダーたちには違いがわからない——わかりたくないのかもしれない——ということは、じつに興味深い。わたしには違いがわかるし、数学と物理学の知識を通じてアナログオーディオのほうがいいと知っている。あれこれいじらないほうが、音はよくなる。いじらなければいじらないほどいい。現代の製品の多くには、この哲学が当てはまらない。いじればいじるほどいいとされている。ほんのちょっとのガラクタよりたっぷりのガラクタのほうが得をした気がする。というわけで、ごてごてと飾り立てる。

わたしは、いつかまたレコードが大ヒットしたら（ハハッ）、テスラを一台買って分解し、自分で設計したサウンドシステムを組み込みたい。それをイーロンに見せて、彼の美しい静かな車のなかでいいサウンドを聴くのがどんな気分か、わからせてやりたい。もはやそれはわたしの、わたしのテスラだ。自動車メーカーと話をして、〝できるだけシンプルにして、すっきりさせよう〟という考え方はほとんど理解されないらしいと知った。そういう考え方はこの世から消えてしまったようだ……いまのところは。

車のなかに四個から六個、せいぜい八個のスピーカーとサブウーファーを適切な場所に配置すれば、それだけで完璧だ。信じられないだろう。だが、デジタル好きのエンジニアたちは、五個のスピーカーより二十個、二十個より三十個がいいと思いこんでいる。

成長と拡大が見こめる製品にテクノロジーを応用し、品質を落とす余分なものを追加していては、テクノロジーを真に役立てているとはいえない。テクノロジーとは、人生を豊かにし、生活を向上させるものであるはずだ。現代の車は、テクノロジーがそんなふうに使われていないのがよくわかる例だ。複雑さが進歩だと勘違いされている。

わたしは結局、音楽が危ないとだれかにわかってもらおうとして、墓のなかで墓石に頭をガンガンぶつけるはめになるのかもしれない。時代が進むにつれて、サウンドが退化しているのがわかる人がいなくなるのではという思いは強まるばかりだ。わかるのは、エルトン・ジョンやスティーヴン・スティルスやノラ・ジョーンズなど、わたしの一九七八年型キャデラックでPONOを聴いた百人のすばらしいアーティストだけなのではないか。「これでまた音楽を聴くのが楽しくなる！」とノラはいった。選択肢は山ほどあるが、アーティストは何度でも満場一致でハイレゾデジタル音源とアナログアンプを選ぶ。

だから、わたしはあきらめない。重要なことだから、あきらめるわけにいかない。わたしはアーティストを信じている。

Chapter 22 / Phil

第22章／フィル・ベイカー

作ることと待つこと

製品開発と生産も労力が必要だが、商業的な成功を収めることのほうがもっと大変で、もっとコストがかかる。PONOの場合もそうだった。発売を発表するだけで売れる製品などほとんどない。われわれは乏しい資金で、普通のスタートアップ企業よりも長い道のりを歩んできた。アイデアを形にして、手頃な価格でニーズを満たせるたしかな製品を作りあげた。すばらしいプレイヤーと、ハイレゾのダウンロードに特化した唯一無二のミュージックストアが完成した。

小売りの問題

しかし、われわれの目の前にはさらに大きなタスクが待ち構えていた。PONOをビジネスとして持続させることだ。その後の数カ月で、われわれはアメリカとカナダの小売流通経路を開拓した。そのために迎え入れたのが、パソコンまわりのアクセサリメーカーのターガスで創業から数年間、セールス部門を統括していたジェイムズ・バーバリアンだ。バーバリアンは多くの小売企業と関係を築き、ターガスを急成長させた立役者だ。彼はサミ・カマンガーとともに、数多くの小売企業――実店舗を持っている企業、カタログ通販企業、オンライン通販企業――に、PONOプレイヤーの販売と宣伝を依頼した。そのなかでもっとも有名な大企業は、もちろんアマゾンだった。ニューヨークのB&H、フライズ、クラッチフィールド、カナダのロンドン・ドラッグ、それに独立系のオーディオ店やレコード店も含まれていた。アマゾンの成長と小売店舗の減少にともない、小型家電メーカーの多くがさまざまな問題に直面していたが、われわれも例外ではなかった。

最初の目標は、小売店で注目してもらうことだった。買い物客にPONOを見つけ、試聴してもらい、願わくは購入してほしい。たいていの小売店は棚のスペースと宣伝に課金する。また、売れない商品は返品したがるし、品物が売れても支払いは六十日から九十日後になる。基本的には、商品は委託販売だ。ただし、アマゾンは違う。ほかの小売業者よりマージンは小さく、支払いも早い。アマゾンは便利なので買い物に使う人が多いが、企業がアマゾンで製品を販売するのは、ほかの小売業者より条件がいいからだ。

大手小売企業だけでなく、ニールはレコード盤の復活を担っている町のレコード店を支援したがった。われわれは、選り抜きのレコード店に無料でデモ機を進呈し、顧客に試聴してもらうようにした。

あいにく、マーケティングの予算がほとんど取れなかったので、広告を打つことができず、小売店でできることも限られた。理想をいえば、自動の試聴コーナーを作り、顧客に自由にサンプルを聴いてほしかったが、一店に一台のデモ機と簡単なＰＯＰを配布するのが精一杯だった。小売店にプレイヤーを置いてもらうことはできても、売れるのは数台で、購入者のほとんどは口コミを頼りにアマゾンやフライズや、ＰＯＮＯミュージックのウェブサイトで購入していた。

ダウンロード販売

プレイヤーの売り上げ台数が増えると、ＰＯＮＯミュージックストアの売り上げものびはじめ、確実な収入源となったが、ストアの開発を続行するコストを賄えるほどではなかった。ダウンロード販売では、一ドルにつき三十セントがわれわれの取り分だった。これは音楽業界の慣習で、すべてのダウンロード販売会社に適用されていた。

われわれの予算は小さかったので、ほんとうにやりたいこと、たとえばPR部門を立ちあげて、製品の需要を作り、小売店の売り上げをのばすための広告を打つ、といったようなことはできなかった。すると、リアム・ケイシーが、一時的に彼の会社のPR担当者を派遣してもいいといってくれた。

しかし、〝モノを作れば客がやってくる〟などということはほとんどない。それはニール・ヤングですら例外ではないのだ。テクノロジー界隈の批評家やブロガーの雑多な記事が脚を引っ張ったのはたしかだが、なによりも売り上げ増大を妨害したのは、はるかにいいサウンドと引き換えに、携帯電話に音楽をストリーミングする利便性をユーザーが手放そうとしなかったことだろう。二〇一五年の上半期には、CDの売り上げが激減する一方で、スポティファイ、パンドラ、ユーチューブの配信売り上げが全音楽売り上げの三分の一を占めるまでに急成長した。

その後の九カ月間で、PONOは少しずつ成長し、ダウンロード売り上げは一日三千ドルから五千ドルまでのびた。しかし、あいかわらず現金は足りず、ミュージックストアの経営維持に多額の費用がかかるばかりだった。

われわれを支えたのは、高品質のオーディオに対するニールのこだわりと強い信念だ――そして、

左からケヴィン・フィールディング、エリオット・ロバーツ、ニール

同じくらい大きな助けになったのが、彼の友人たちの経済的支援だ。給料が遅配され、働きつづける者もいれば、退社する者もいた。それでも、リック・コーエン、ランディ・リージャー、ケヴィン・フィールディング、ダマーニ・ジャクソン、ジーク・ヤング、サミ・カマンガーとわたし、そしてコンサルタント二名という中心メンバーは変わらなかった。ランディは、ペドラムが担当していた仕事の一部を引き受け、ミュージックストアの経営とレコード会社との関係維持に努め、売り上げをのばすために週に一度のプロモーション活動もつづけた。

経営者の交替

ところが、ついにリック・コーエンが退社した。製造側のリアム・ケイシーとたびたび衝突し、ケイシーがコーエンとは仕事ができないといいだしたからだ。

ニールがふたたびCEOに就任し、わたしはCOOを引き受けた。わたしのおもな仕事は、会社を安定させ、ビジネスを継続することだった。われわれは長期的な展望を持ち、ビジネスをゆっくりと着実に成長させようと考えていた。そもそも、ニールは最初からその考えだった。われわれはすでに、オリジナルのPONOプレイヤーをさらに改良したPONO2も構想していた。音楽のダウンロードをさらに簡単にするWi‐Fi接続など新しい機能や、チャーリー・ハンセンがデザインした新しい回路を組み込んで、音質をもっと向上させる計画があった。

二年近くつづいた苦しい時期をなんとか乗り越えたころ、エリオット・ロバーツは取引業者と新しい条件で契約を結びなおそうと交渉していた。彼は、ニールの名誉を守り、倒産を避けることだけを考えていた。わたしの想像する限り、これほど困難な仕事はほかにない。エリオットは会社を維持しようとたゆまず努力し、ニールを支えながら、いつか事態が好転するのを待ち望んでいた。

われわれは綱渡り状態で、ちょっとした不運でも転落しかねなかった。まもなく、不運がわれわれを襲った。

Chapter 23 / Phil

第23章／フィル・ベイカー

不吉《オマナス》な電話

二〇一六年五月、ミュージックストアの後方処理業務を委託しているオムニフォンから、破産申請をしたという電話がかかってきた。業務はつづけるので、われわれのビジネスに影響はないという。われわれのあいだに緊張が走ったが、どうしようもない。

われわれの不安は的中した。一カ月後、オムニフォンは買収の申し込みを受けた。そして、四日以内にわれわれのミュージックストアを含めたすべての業務を終了する——買収元のアップルの要求で——と、電話で知らせてきた。ＰＯＮＯミュージックにとっては大打撃で、ビジネスモデル全体に影響し、大事な収入源を失うことになる。ダウンロード販売ができなくなる。ユーザーに音楽を届ける供給源が奪われる。

ニールはアップルの音楽サービスを統括しているエディ・キューに電話をかけたが、つなげてもらえなかった。何度も伝言を残したが、キューから折り返し電話がかかってくることはなかった。

アップルがオムニフォンを買収したのは、たんにオムニフォンの営業を終了させるためだったのか、それともわれわれを業界から締め出すためだったのか？　当時、アップルの目的はオムニフォンの社員とテクノロジーだという噂があったが、なんにせよ、われわれが受けたダメージは壊滅的だった。ミュージックストアを発展させるには、別の企業を探して一からやりなおすしかない。われわれは、ミュージックストアの休業が一時的ですむように願いながら、代わりの企業探しをはじめた。

後継として現実的な企業は一社のみ、イギリスに拠点を置く7デジタルだった。連絡を取ると、すぐに合意に達した。条件のひとつは、7デジタルがオムニフォンの撤退で失われた音楽のライブラリを再建し、PONOミュージックストアを唯一無二のものにしていた特徴を組み入れることだった。たとえば、ハイレゾのアルバムを目立たせる、ハイレゾで手に入るアルバムの場合は解像度の低いヴァージョンを排除する、プロモーションをする。もちろん、ハイレゾ版が出たら無料でアップグレードするPONOプロミスも継続する。7デジタルは、ただちに作業に取りかかり、すみやかに終了させると請け合った。

ところが、いざ作業がはじまり、細部まで詰めると、7デジタルはこの更新にかかる経費が当初の見積もりより高くなり、時間も足りないといいだした。7デジタルの作っている既存のストアデザインを使うこともできるが、それではほかのダウンロードストアと差がつかなくなり、ハイレゾに特化したわれわれのストアの独創的な部分がすべて失われてしまう。

PONOの終焉

7デジタルのコストをカバーするのに必要な売り上げを計算したが、とても不可能な数字だった。とうとう、乗り越えることのできない難題に遭遇したのだ。

アップルが突然オムニフォンを閉鎖したことだけが、PONOミュージックの活動停止の要因ではないが、会社をたたむ判断を招いた最後のできごとではあった。二〇一七年十二月末、ニールはこの悲しい知らせをユーザーへの手紙という形で、PONOのウェブサイトに掲載した。

みなさま

ご存じのとおり、わたしたちは、核を削り取った音楽ファイルに慣れてしまった世界に、クオリティの高い音楽を取り戻そうと努めてきました。それは、だれもが満足できる目標だと考えていました。アーティストは、スタジオで聞こえたとおりの音をファンに届けることができ、音楽ファンは最上の状態で音楽を聴くことができる。この目標のために、わたしは二十年以上にわたって、文章を書き、話をしてきました。わたしと同じ危機感を、ほとんどだれもが抱いているだろうと思っていました。

およそ五年前、わたしたちはサウス・バイ・サウスウェストで、ほかにはない音楽体験をファンに届けるというわたしの夢を実現するプレイヤーとダウンロードコンテンツを提供すると発表し、クラウドファンディングを開始しました。キックスターターで支援してくださったみなさま、その後プレイヤーを購入してくださったみなさま、そしてわたしたちの努力を支持してくれた友人たちのおかげで、その約束を果たすことができました。プレイヤーは「ステレオフィル」誌で、年間でもっとも優れた携帯用デジタル製品に選ばれ、われわれは世界中に最上のハイレゾコンテンツを提供しました。何万というプレイヤーを製造し、完売しました。ほんとうにありがとう！

しかし、それだけの成功を収めても、わたしは満足していませんでした。コストのかかっている音楽を本来あるべき形で、つまりなにも削らず、最高の解像度で届けようとしたことをさんざん批判されました。わたしは価格を設定できる立場ではありませんでしたが、製品の顔だったので、批判の矢面に立たされました。批判は正しいと思います。音楽は、こんなやり方で値段をつけていいものではない。

　ダウンロードストアのパートナーであるオムニフォンが買収され、アップルによって事前の通告なしに閉鎖されたため、われわれは同じストアを構築できる企業を探しはじめました。しかし、作業が進むにつれて、ストアを作りなおすことが困難で、運営にもコストがかかることが明らかになったのです。高音質の音源がリリースされても、そのアルバムを持っていれば無料でアップロードできるＰＯＮＯプロミスの継続、低音質の音源ではなくハイレゾ音源だけに特化すること、特別なセールをすること。それらのすべてを実行するには、莫大な費用がかかりました。

　また、ストアを作りなおすだけでは充分ではないことがわかりました。熱心なリスナーがいるとはいえ、かさむ一方のコストを正当化しつづけるのは良心がとがめました。ハイレゾの話をするなら、レコード業界はいまだに壊れている。友人のアーティストのすばらしい音源をハイレゾでリマスターしたときも、ＰＯＮＯがアルバム一枚につき数千ドルを支払わなければならなかった。そのコストを回収できる目処などほとんどなかったのですが。レコード会社はハイレゾ音源には高い金額を課してもいいと考えていますが、わたしは逆に、どんなテクノロジーを使用していようが、音楽の値段は等しくあるべきだと信じています。

ご想像のとおり、このビジネスモデルでは資金を募るのが難しいようです。高音質の音楽を高値で限られたリスナーに売り、そのリスナーは高い金を払って利用させられていると感じていたのですから。

くわえて、会社は有担保債権者に対し合計で二百五十万ドル以上の負債を抱えていました。債権者は資産の差し押さえを求めています。

PONOが直面している数々の難関と会社の経営状況を鑑み、取締役会は活動を休止し、解散する時期が来たと判断しました。

いままでPONOと高音質の音楽を支持してくださったみなさまに感謝します。

敬具

アイヴァンホー株式会社（デラウェア州）社長

ニール・ヤング

同総務担当重役

エリオット・ロバーツ

Chapter 24 / Neil

第24章／ニール・ヤング

PONOは終わるのか?

現状維持が簡単だったためしはない。われわれが対峙していたのは、音楽を聴く簡便な方法として定着し、大衆の意識に刷りこまれ、あまねく浸透しているものだった。

PONOの事業を終わらせなければならなかったことは、わたしだけでなく支援者や従業員や投資者をひどく落胆させた。われわれは、膨大な時間と労力と資金を、大切だと信じたもの、そしていまでも信じているもののために費やした。わたしたちのヴィジョンには、大勢の出資者が共鳴してくれ、わたしたちみんなの信じるものを支援してくれた。どこへ行っても、同じ考えの人々に出会え、感謝の言葉をかけてもらえた。彼らの支援に感謝している。PONOで得た経験は、音楽の音のクオリティをあげ、感じるということを取り戻すための重要な一歩だった――ただし、最後の一歩ではない。

PONO効果

PONOによって、オーディオマニアのコミュニティの外にいる人々も音質を意識するようになり、音のクオリティに関する議論が批判的なものも含めてメディア上で盛りあがった。競合他社の売り上げデータを手に入れることはできないが、PONOプレイヤーは発売後一年間でほかのどのブランドよりも売れたはずだ。ミュージックストアも、ハイレゾコンテンツの売り上げではどこよりも大きなパーセンテージを占めていたのではないか。PONOは上質なオーディオと同義語となり、ハイレゾ音源のダウンロード元といえばPONOだった。

――はじめてハイレゾ音源を大衆に広めた

PONO以前は、ハイレゾの音楽プレイヤーはオーディオマニアだけをターゲットにしていた。PONOは、普通の音楽ファンにはじめて高性能のプレイヤーとハイレゾ音源を広めた。使い方が簡単で、ほかのプレイヤーより音がいい。しかし、携帯電話ではなかった。

世界中にＰＯＮＯの支援者のコミュニティができ、その人数は一万人を超えた。プレイヤーを買い、音楽をダウンロードし、コミュニティのフォーラムの活発な活動と成長に貢献してくれた。ひとりひとりがわれわれの使命の支持者となった。いまではミュージックストアはなくなってしまったが、世界のどこにいてもほかのサイトでハイレゾ音源をダウンロードし、ＰＯＮＯプレイヤーでそれを心ゆくまで楽しむことができる。

――独占権の放棄

ＰＯＮＯは独占権のあるファイルフォーマットを使わず、ユーザーが購入してダウンロードしたファイルに使用制限をかけることもなかった。一方で、業界はふたたびメリディアンの圧縮技術ＭＱＡを使い、間接的に使用制限をかけようとしている。ここに至ってましな音質の音楽を提供しようとする業界の努力には拍手を送るが、音をいじり、再生には互換機を必要とする独占的なフォーマットを使うのは近視眼的であり、それを支持するレコード会社は、また欲にかられて損失の大きなミスを犯している。うまくいくわけがない。失うものは大きい。

――ハイレゾ

ＰＯＮＯを追いかけるような形で、ハイレゾを取り入れる企業が増えた。ソニーは、手頃な価格のハイレゾプレイヤーのシリーズを発売し、自社製品の多くにハイレゾを採用する戦略を取っている。小売店に、製品の長所をデモンストレーションする試聴コーナーも設けている。オンキヨー、フィーオ、シュアー、アステル＆ケルンも、新型のプレイヤーを発売した。ＬＧエレクトロニクスやサムスンの高級価格帯のスマートフォンは、ハイレゾ音楽プレイヤーを搭載している。ストリーミング配信でも、ゆっくりではあるが、音質を向上させようという動きが出てきた。第三章でも触れたが、タイダルは、ＣＤクオリティに近い音質で、ＭＱＡを使ったストリーミング配信をしている。フランスの企業、クーバズもハイレゾで配信している。マーフィーは、ユーザーの所有するビニール盤やＣＤをフル解像度でストリーミングするサービスを提供している。

このように状況が変わってきたのは、ＰＯＮＯがきっかけだろうか？　かならずしもそうではないが、われわれが人々の意識を高めたのはたしかで、高音質のよさを理解し、知識を身につけた新しいユーザーが増えた。ＰＯＮＯプレイヤーはひとつの判断基準となり、いまだに多くのオーディオ評論家が新製品を評価するときに「ＰＯＮＯと比較するとどうだろうか？」、ＰＯＮＯと同じくらい高性能か？」と問いを立てている。

――レコード盤

上質な音楽が復活している。少しずつではあるが。高性能の音楽プレイヤーが増えていることにくわえて、わたしの作品も友人のアーティストの作品も、レコード盤がふたたび売れるようになり、業界でもっとも大きな成長分野になっている。売れている理由が利便性でないことは間違いない。レコード盤のすばらしい音質が大きな要因だと思う。だが、気をつけなければならないことがある。

すべてのレコード盤が高音質というわけではない。アナログのマスターテープから作られたものなら、申し分ない。ハイレゾファイルから作られたものなら、やはりすばらしい。CDから最高性能のDACを使って作られたものなら、CDよりはましだが、昔ながらのアナログのレコード盤やハイレゾのレコード盤の音質には及ばない。

音楽をストリーミング配信する

何年にもわたって、友人でありPONOミュージックの取締役だったジジ・ブリソンから、よくこういわれていた。「ニール、ストリーミングを試してみない？」

わたしはそのたびに「本物の音で音楽をストリーミングするなど、だれにもできないよ」と答えていた。

だが、わたしは間違っていた。ジジの言葉に耳を傾けなかったことは、わたしの最大のミスだ。彼女は技術的な知識を豊富に持ち、ハイレゾストリーミングが重要になるとわかっていた。わたしは技術的なことを知らず、ストリーミングのテクノロジーでは本物の音楽を配信できないと思いこんでいた。そのころはたしかに不可能だったが、ハイレゾストリーミングを実用から遠ざける原因となっていた問題は数年後に解決される。わたしはそれが見えていなかった。

わたしはアーティストとして、多くの理由からストリーミングに反対していた。ストリーミングは業界を崩壊させる。レコード会社はストリーミング会社と次々に契約を結ぶが、アーティストは理解を示していない。レコード会社にとってストリーミングが恩恵だということは、だんだん明らかになってきた。レコード会社は思いがけず利益を手にしたが、アーティストはその犠牲となり、ストリーミングのせいでＣＤやレコードが売れずに苦しんでいる。

　ストリーミングでは、曲を書いた人間には金が入ってくるが、レコードで演奏した者に支払われるのは微々たる金額、もしくはゼロだ。デジタル時代は、作品を生んだアーティストたちを利益の連鎖から締め出すことを可能にした。音楽で生計を立てることができなければ、アーティストたちが音楽を作りつづける理由はなくなる。

　アーティストの収入減に対する業界の答えは、ライヴで金を稼げ、というものだった。シリコンバレーからの答えでもある。おまえらの音楽を配ってやるから、おまえらのレコードから利益をもらうぞ、おまえらはライヴで食っていけ、というわけだ。二〇一七年には、音楽業界全体の収入四百三十億ドルのうち、たった一二パーセントが、音楽を作ったアーティストの収入だった。これがデジタル音楽の新時代だ。

　わたしはほんとうに、音楽をいい音で聴けるようにしたい。それはわたしが一生かけてできること、意味のあることだと思う。ほかにも多少やってきたことはあるが、音楽の現状は――音のクオリティがどんどん落ちていく状況は、あまりにも悲しかった。なんとかしなければならないと感じた。自分の音楽すら、自分のレコードすら、もはや聴くことができなかった。一日の終わりに、レコーディングセッションのクオリティをただ確認するだけだ。ほかのだれにも、それを聴かせることができない。

振り返れば、ストリーミングは決してハイレゾのレベルに達しないから、ハイレゾ音源をダウンロードして高性能の音楽プレイヤーで聴く方向へ進むべきだというのが、わたしの考えだった。だが、すでに書いたように、わたしの最大の間違いは、ストリーミングの影響力に気づくのが遅すぎたこと、ストリーミングがあっというまにCDやダウンロードに取って代わると予測できなかったことだ。それどころか、ストリーミングのレコード会社に対する影響力は甚大で、多くのレコード会社はストリーミングのおかげで黒字だ。わたしがストリーミングを嫌悪するのは、音楽のクオリティに悪影響を与えているだけでなく、レコード会社とストリーミング会社がアーティストを冷遇しているからだ。それはまた別の話だが、おもしろいものではない。

わたしの個人的な感情とは関係なく、ストリーミングはもはや無視できないし、わたしが目標にたどり着くためには、真っ向から取り組むべきだった。数年前、ジョン・ハムが、ストリーミングの音質を向上させるテクノロジーを作る会社をアジアに設立するが、一緒にやらないかと持ちかけてきた。だが、そのころはPONOプロジェクトの真っ最中で、そのまま立ち消えになってしまった。それも大きな間違いだった。

チャンス

サンフランシスコのPONOミュージックのオフィスを閉めようとしていたころ、わたしは小さなチームのメンバーたちと会い、これ以上ダウンロード・ミュージックストアに投資するのは正しいとはいえないと話した。途中から、ストリーミングの話になった。そのなかで、ソフトウェアエンジニアのケヴィン・フィールディングが、シンガポールの小さな企業がハイレゾストリーミングサービスをはじめ、ソニーのクラシック音楽をCD以上のクオリティで配信しているといった。通信速度にかかわらず安定して音楽を送信できる方法を開発し、リスナー側のビットレートに応じて最高の音質で音楽を提供しているらしい。

このストリーミングの音楽ファイルは、受け手の通信速度が遅かったり安定していなかったりしても、状況に応じて――リアルタイムで――容量が圧縮される。つまり、受け手のビットレートが限られていれば、現在のストリーミングのような音だが、ビットレートに余裕があれば、CDクオリティかハイレゾに切れ目なく切り替わる。最高のレベルなら、圧縮なしで再生できる。これは最適化配信《アダプティヴ・ストリーミング》と呼ばれ、数年前に開発がはじまり、いまや新しい業界標準になっている。地域によっては、ビットレートが非常に高いので、ついに圧縮なしでストリーミングできるようになった。その話は、わたしの頭から離れなくなった。

オラストリームというその企業は、ジョン・ハムが数年前に話していた、あの会社だった。興味深いことに、以前チャーリー・ハンセン（PONOの設計者）を見つけてきてくれたのもハムだったし、わたしが〝発見〟する前にオラストリームを見つけたのも彼だった。あのときすぐに、こういうことがわかっていればと、いまさらながらに思う。

オラストリーム

オラストリームでは、音楽を配信する際、ごく小ビットのテストデータを送り、通信速度を確認し、一万五千にわたる段階のなかから受け手のビットレートに応じた解像度で最高の音質のファイルを送る。高速の回線ならハイレゾ、低速ならMP3の音質になるかもしれない。ファイルフォーマットは業界標準のFLACで、このような処理をすべて自動的におこなう。

わたしは彼らの成し遂げたことに感動し、フィルにもっと詳しく調べてほしいと依頼した。フィルが設立者のフランキー・タンに連絡を取り、あらゆる解像度で配信できるが、ユーザーの多くはCDクオリティで音楽を聴いている、その理由はハイレゾ音源がそもそも少ないから、ということがわかった。

オラストリームは、契約者のサービスの使用状況に関するデータを見せてくれた。さまざまな都市に住むリスナーが、ストリーミングで音楽を受信する際の平均的なビットレートが載っていた。同じ音楽がハイレゾからMP3、場合によってはそれ以下の音質で聴かれていたが、もとのファイルは同じだ。アダプティヴ・ストリーミングは、数年前から動画配信に使われていた。だからネットフリックスが成功したのだ。しかし、音楽業界では無視されていたようだ。

わたしはすぐさま、オラストリームと組んでハイレゾストリーミングサービスを開発できないか、確かめたくなった。できるかもしれないと思うと、心が浮き立った。大変な労力と莫大な金を要するのはわかっていた。完全に一からやりなおしだ。アレクサンダー・グレアム・ベルの有名な言葉を思い出した。「扉が閉じても、別の扉が開く」

わたしはジョン・ハムを思い浮かべた。

Chapter 25 / Neil

第25章／ニール・ヤング

ハイレゾでストリーミング

わたしは、オラストリームのアダプティヴ・ストリーミングのことばかり考えるようになった。いま業界がやっていることにくらべて、はるかにいい方法だと思えた。想像してほしい。ひとつの音楽ファイルが、ＭＰ３からハイレゾまで一万五千段階で、リスナーの状況に応じて自動的に解像度が変わるのだ――リスナーのビットレートに応じて。

それに引き換え、既存のストリーミングサービスは、いまだに古いテクノロジーを使っている――小さなＭＰ３ファイルを１６０ｋｂｐｓか３２０ｋｂｐｓで、場合によってはそれ以下で配信する。アダプティヴ・ストリーミングでは、５０００ｋｂｐｓから６０００ｋｂｐｓでハイレゾ音源を配信、つまり二十倍の量の情報を送る。

ストリーミング会社を運営している人々と、ストリーミングの音質について話し合ったとき、通信速度の遅い環境では高音質のストリーミングを受信することができないので、高音質の配信はしないと聞いた。だから、ストリーミングサービス会社は、最低の条件に合わせたクオリティでしか音楽を配信しなかった。もうそんな時代は終わらせなければならない。

本物の悲劇

ストリーミング会社のそんな考え方が、多くの人々からいい音を奪ったのだが、それだけでなく、ストリーミングだけで音楽を聴く人たちが、これが音楽だと思いこむ原因にもなった。ろくなものを聴いたことがないので、自分たちがなにを失っているか気づかない。これは本物の悲劇だ。

もうひとつ、ストリーミング会社から聞いた話では、リスナーが携帯回線を使っている場合は大容量のデータのやり取りに料金がかかるので、ハイレゾが広まらないとのことだった。ハイレゾのデータ容量は大きい。

なるほど、リスナーがＷｉ－Ｆｉではなく携帯回線を使っているなら、その話にも一理ある。ハイレゾを聴くリスナーは、契約プランによってはあっというまにデータ容量を使い果たしてしまうだろう。しかし、オラストリームのファイルなら、そんな環境では自動的に昔ながらの低解像度に切り替わるので、データ容量を使わずにすむ。あるいは、フル解像度のまま、音楽を聴き、その魔法を感じてもいい。それはリスナーが決める。リスナー自身が決められる。

フォーマットを統一してファイルを一種類にすれば

フォーマットが統一されれば、通信速度やデータ容量に制限があるためにサイズの小さな低解像度のファイルを必要としている人々から、自宅で通信速度の速いＷｉ‐Ｆｉを使ってハイレゾで音楽を聴きたいと考えている人々まで、あらゆるリスナーを満足させることができる。どんな音楽でも一種類のファイルで聴くことができるようになる。携帯電話で音楽を聴くユーザーが、車のなかでは低解像度で聴き、自宅に帰ったらＷｉ‐Ｆｉに切り替えてハイレゾで聴くということが、切れ目なくできるようになるのだ。

あらゆる解像度の音楽を一種類のファイルで聴けるようになると、ストリーミング会社も助かる。現在、ストリーミング会社は、たとえば１６０ｋｂｐｓと３２０ｋｂｐｓといったように、レコード会社が出しているさまざまな解像度のファイルをそれぞれ購入しなければならない状況だ。

ストリーミングの革新

わたしに理解できないのは、テクノロジーが進化しているのに、音楽業界がストリーミングを進歩させようとしないのはなぜかということだ。ほかの業界では違う。第一世代のストリーミングを十年使ってきたのだから、そろそろ次の段階に進むべきではないか？　オラストリームは次世代のストリーミング――これからのストリーミングだ。なにしろ超高速の通信システム５Ｇによって、安価で大容量のデータ通信が使えるようになるのだから。

オラストリームによれば、大手レコード会社数社とすでに接触し、彼らの技術は好意的に受け止められたそうだ。レコード会社はオラストリームの技術をテストし、気に入ったものの、既存のストリーミングサービスからようやく利益があがりはじめたところなので、アダプティヴ・ストリーミングの推進にはあまり積極的ではないようだった。

わたしはオラストリームを支援したいと真剣に考えるようになった。オラストリームは音のクオリティを向上させる大きな力となりうる。新しい世代のストリーミングサービスの基礎になる。奮闘している彼らに生き延びてほしくて、わたしは私費を投じた。

大手のストリーミング会社と提携するのが最良だったのかもしれないが、オラストリームは大手の興味を引き出すことができずにいた。わたしも知り合いに声をかけてみたが、反応は同じだった。多少の好奇心は持ってもらえたが、現時点でそこそこうまくいっていると思われているものを変える動機になるほど、音質は重視されていないことがあらためてわかった。その程度の頭しかないか、どうでもいいと思っているのだろう。

わたしたちはオラストリームのテクノロジーを分析し、できることとできないことや問題点を理解した。ほとんどどんな状況でも問題なく使えるが、わたしたちはさらにいいものにするために、改良法を考えつづけた。それは心躍る体験だった！

手に入るハイレゾ音源は少なかったので、オラストリームはそれまで、ほとんどCDクオリティの音源のストリーミングサービスを最適化することに専念していた。すでに書いたように、オラストリームの仕組みはアルバムを再生する前に回線テストをおこない、最適な解像度を確認する。160kbpsからはじまり、数秒間で最適なレベルまでビットレートをあげる。わたしは、192キロヘルツ／24ビットに到達する時間を短縮したいと考えた。オラストリームのエンジニアはわたしの提案を受け、以前の回線テストの結果を記憶し、それを利用してすばやくビットレートをあげる方法を考え、アルゴリズムを変更した。結果として、音楽の解像度をあげるスピードは短縮され、場合によっては回線テストが必要なくなった。また、最低の通信環境下では低解像度に固定して受信できるモードもつけくわえた。二〇一七年はじめから数カ月かけてテストを重ねたのち、ついに満足のいくサービスが完成した。わたしたちはそれを〝Xストリーム〟と名付けた。

ひとつの企画書

その時点で、わたしは新しいハイレゾストリーミングサービスのビジネスプランを作成する必要があると考えた。だれかが興味を持ってくれるかもしれないという幻想は抱いていなかった。ＰＯＮＯで経験したことは記憶にしっかりと残っている。事業をはじめるとは、すなわちサービスを立ちあげるだけでも何千万ドルもの資金を集めなければならないということだ。ＣＥＯと従業員も必要だ。

せめてレコード会社とテクノロジー業界と、将来の出資者に向けてプレゼンテーションする企画書くらいは作りたい。少しでも彼らの興味を惹くことができるかどうか確かめたい。

目標は、わたしの名前や評価に傷がつくことを恐れず、この新しいテクノロジーを宣伝すること。なぜなら、このテクノロジーは、ストリーミングのあり方を変え、リスナーを低音質の音楽に閉じこめている障壁を取り払う可能性を秘めているからだ。だれもがストリーミングの利便性とハイレゾの美点を享受できるかもしれない。それが、また会社を作るよりも大事なわたしの使命だ。

わたしはエリオットとフィルと、ペパーダイン大学教授で戦略コンサルタントのロブ・ビケルと協力し、ビジネスプランを書きあげた(ロブは友人の同大学教授マイケル・クルークから紹介された)。それから、シリコンバレーの弁護士で、スタートアップビジネスの資金調達に詳しいボブ・ガンダーソンとジェフ・サッカーに助言を得て、出資者やパートナーの候補に声をかけはじめた。

スポティファイやタイダルやパンドラなど、ユーザーと直接取引しているストリーミングサービスとは違い、わたしはXストリームを選り抜きの企業に提供するものにしたいと構想していた。アップルは高性能のカメラを自社のスマートフォンの売りにしている。動画の無料ストリーミングを提供する携帯電話会社もある。Xストリームが探すのは、ハイレゾ音楽のストリーミングを自社のユーザーに提供する先駆者になろうとする企業だ。

わたしはカナダの携帯電話会社〈ロジャーズ・アンド・ベル・カナダ〉に接触し、Xストリームの技術で独自のストリーミングを提供できること、それはほかの音楽ストリーミングよりはるかに上質であることを説明した。また、契約を促すため、わたし自身のレコード音源をすべて、一九六〇年代前半までさかのぼり、Xストリームのユーザーだけに提供するとも申し出た。

やや興味を持ってもらえたが、ロジャーズ・アンド・ベルの動きは鈍く、ほとんど進展しなかった。プランを気に入る人がいても、彼らは既存のストリーミング企業と結んだ契約に縛られ、別の同業者と組むことができなかった。彼らもまた、低音質に閉じこめられていたわけだ。あれはまったく苛立たしい体験だった。

ひとつ思い出すことがある。サンディエゴへ車を走らせ、ジェフ・サッカーにクアルコムの投資部門の人々を紹介されたときのことだ。ジェフとわたしは、彼らが開発している通信方式5Gとハイレゾ音楽は完璧な組み合わせだと考えていた。しかし、会見は期待はずれに終わった。大勢の人間の前で、わたしは音楽のクオリティの現状について解説し、5Gがすばらしい音を伝える大きな力になると話した。だが、彼らのほとんどは、つまらなそうに黙ってじっと座っているだけだった。プレゼンテーションが終わり、いくつかの質問に答えたあと、幹部にオフィスへ連れていかれた。プレゼンテーションの内容について話し合うためではなく、わたしと〝自撮り〟するために。まったく無恥な連中だった。

適正な料金

Xストリームが生き延びるには、料金が適正でなければならない。業界はすでに、高音質のストリーミングに高額な料金を課していた。MP3のストリーミングが一カ月十ドルに対し、ジェイ・Zのタイダルは、ほぼCDクオリティで一カ月二十ドルだ。

わたしは、こんなのはばかげていると思っていた——レコード会社がダウンロード音楽に値段をつけたときと同じ間違いを何度も繰り返している。わたしは、すべてのストリーミングは一カ月十ドルの一律料金にしたかった。それでは安すぎて、レコード会社が首を縦に振らないことは承知のうえだ。レコード会社は、Xストリームはハイレゾで配信できるのでもっと高額でいいと考えるだろうが、状況によっては、ユーザーは低音質で聴くかもしれない。値段設定について、レコード会社に考え方を変えさせなければ、Xストリームの成功はありえない。

わたしは、レコード会社の幹部と直接会い、Xストリームとはなにか、なぜ業界全体のためになるのか、プレゼンテーションすることにした。ただし、ハイレゾのストリーミングとして売るのではない。それでは高い値段をつけられてしまう。わたしは、Xストリームをハイレゾではなく〝全レゾ〟と説明した。

二〇一七年一月、わたしはエリオットとフィルとニューヨークへ飛び、ワーナーとユニバーサルとソニーの幹部と会った――この三社は、かならず説得しなければならない。われわれは、ユニバーサルのミシェル・アンソニー、ソニーのデニス・クッカーとマーク・ピービー、ワーナーのスティーヴ・クーパーとオーリー・オバマンに、Xストリームのテクノロジーと料金について話した。全員から、いい反応が返ってきた。理解してくれたのだ。彼らにはテクノロジーのことはよくわからなかったようだが、納得はしたらしい。しかし、このような巨大な組織は現状を維持したがるものだ。音楽業界のいまの姿がこれだ。彼らは激動の時代を耐えて、いまはいかに生き残るかということばかり考え、ようやくストリーミングサービスが成功しはじめたことに満足している。

別種の生き物

わたしは、Xストリームを早急に成功させたければ、一カ月十ドルにしなければならないと思うと話した。タイダルの轍《てつ》を踏んで高額を課してはならない。ハイレゾだけではなく、あらゆる解像度で使われるXストリームで、高額の料金を取るわけにはいかない。受け手のビットレートに応じて解像度が変わるからだ。場合によっては、極端に低い解像度かもしれない。スポティファイより低い音質に高額の料金を課すわけにはいかない。Xストリームは別種の生き物なのだ。

ほかのストリーミングサービスとのあいだに軋轢《あつれき》を生むかもしれないと恐れた幹部は、尻込みした。ハイレゾストリーミングの新興企業に、同じ値段でより高音質の音楽を配信することを許していいものなのか、というわけだ。わたしは、そのような考え方はダウンロードにもストリーミングにも合わないとたたみかけた。われわれは、最高の音質を一種類の値段で提供したい。最終的に、わたしはかなり前進し、ソニーは十二ドル九十九セントという値段を提示してきた。スタートとしては悪くない、とわたしは思った。わたしはビジネスマンではない。Xストリームを実用化して、人々に音楽を聴き、感じてほしい。これは革命になりうると、わたしは感じていた。

われわれはカリフォルニアへ帰り、この事業を進めてXストリームを速やかに実用化する方法を考えた。

別のアイデア

出資者を募り、パートナーを探す作業は、じれったいほど時間がかかっていたが、わたしは別の方法を思いついた。Xストリームでわたしの音楽だけを配信して、現時点でこんなことができると知らせるのはどうだろう？　そうすれば、レコード会社やアーティストたちにわたしのアイデアを売り、何百万も稼がなければならないというプレッシャーがなくなる。ハイレゾでストリーミングはできる。それを自分の守備範囲で、自分の音楽を使って証明すればいい。

Chapter 26 / Neil

NYA

第26章／ニール・ヤング

ちょっと脇道にそれてもいいだろうか。

わたしはつねづね、音楽を時間という文脈でとらえる映像表現をつくりたいと考えていた。一九九〇年に思いついた初期のアイデアには、〝ディスコクロン〟と名付けた――音楽の年代記という意味だ。それは、ぼんやりとした夢想、電気的で機械的なタイムマシーンのようなものだった。玉を転がすゲームのような――ピンボールマシーンを思い浮かべてほしい。玉が時間旅行をするピンボールマシーンだ。あなたは時空のなかをあちこちへ飛び跳ね、ときにあちこちまわり道をし、やがて音楽メディアを見つけて止まり、その時代に集められたニュース画像を見る。

あなたがどこの時空にいるかによって音楽メディアの種類は異なるが、見つけると、その時空で起きた重大な事件の映像も目の前に広がる。世界の歴史や文明の歴史を眺めながら、その時代の音楽に耳を傾ける。コンセプトは、時間軸《タイムライン》に沿って行き来することだ。あっちで止まり、こっちで止まり、メディアを見つけ、もっとも純正な形でその時代が再生される。

タイムライン

コンセプトはごくシンプルで、取りあげる題材は音楽に限らない。芸術、書物、映像、国家元首の生と死、世界の政治史、そして人類の歴史。

小説家とその著作のように、ほかの分野のクリエイターの活動にも当てはめることができる。本が書かれた時期と、そのとき世界で起きていたことを時間軸に沿って見せる。ひとつの場所で、作家の全作品から読みたいものをなんでも見つけることができる。クライヴ・カッスラーのような冒険小説家が好きなら、『ダーク・ピット・シリーズ』を第一作から最新作まで、ピットの初登場シーンからラストまで、シリーズについて作家のコメントつきで読める。同時代の世界でなにが起きていたのか、情報が書いてある。著者がその作品を書いているあいだに起きた個人的なできごとや——著者がシェアしたいことならなんでもいい。たとえば、表紙のデザインにどんな意味がこめられているのか、絵を描いたのはだれか、発行人と編集者はだれか、販売を担当したのはだれか、どの国で発売されたのか。

このコンセプトは、歴史があるものならなにでも応用できる。表現媒体と結びついている時間のなかを流れていくものなら。あなたが時空を超えていったあとには航跡が残り、やがてほかの人々もそれをたどることになる。

新しいスクラップブック

では、音楽の歴史とはなんだろう？　むろん、音楽の歴史は、だれもがいつでも体験できるものだろう。現在あるようなＭＰ３のクズの寄せ集めではなく、また図書館やグーグルやＹｏｕＴｕｂｅや他人が書いたものを読んで、自力で調べなければならないものでもなく。音楽の歴史とは真実であり、ただアクセスして聴くだけで終わるものではない。アクセスして聴くことは、ほんの一部分でしかないのだ。すべては正しい文脈のなかの一カ所にある。場所ではなく時間に組み込まれている。

このコンセプトが発端となって、〈ニール・ヤング・アーカイヴズ〉の構想を得た。このアーカイヴは、新しいタイプのスクラップブックだ。音楽ファイルだけでなく、歌詞の展開を解説したり、写真や覚え書きを載せたり、さまざまな思い出を寄せ集めた場所になる。インデックスをつけて、それを頼りに進んでいくと、特定の年や特定のアルバムを深く掘りさげることができる。

一九九〇年にはじめてアーカイヴ作りに着手したころは、わたしのタイムマシンを実現するテクノロジーがなかった。当時のインターネットはそこまで発達していなかった。ＤＶＤでは、収録したい大量の素材とハイレゾ音源を処理できなかった。だが、ブルーレイなら使えそうだった。

二十五万ドルのブルーレイ・ボックス

ブルーレイディスクは大容量だが、フォーマットは重く使いづらかった。まるでいくつものレバーを引いたり、あれこれいじりまわしたりしなければならないような感じで、とにかく大変だった。とはいえ、当時はブルーレイくらいしか選択肢がなかった。アーカイヴの素材をすべてディスクに収録できたが、やはり足りないところがあった。わたしが思い描いていたように時間を自由に行き来することができない——せいぜいある年のアーカイヴを見たら、ディスクを取り替えなければならず、その一手間が厄介だ。時間旅行がこのアイデアの肝だったのだが。全体のコンセプトは完成しているのに、メディアとテクノロジーに足を引っ張られた。それに、コストがかかりすぎた

——ディスク一枚二万五千ドルだ。わたしの『アーカイヴズ』第一弾のブルーレイ・ボックスセット製作には、二十五万ドルかかった。

ボックスセットを買った人々には、まったく理解できなかった。「なんだこれは？　正気の沙汰じゃないな」まったく的外れだ。あれは、のちの活動のかすかな予兆のようなものだった。

ウェブサイトを作るという手があるのはわかっていたが、わたしの求めるクオリティで音楽を供給する方法がなかった。そのころから、わたしは考えはじめた。「なるほど、ハソコンでファイルから音楽をじかに再生することはできる。作品の歴史をタイムラインにして、ディスクを替えずに五十年分のタイムラインを自由に行き来することもできる」すばらしいと思った。どこにでも行ったり来たりできて、好きなものを選んだり呼び出したり拡大したり、あるいはのんびりあてもなくぶらついたり、なんだってできる。それがちょうど世紀の変わり目、二〇〇〇年頃だった。わたしはインターネットで作品を発表することをかんがえはじめた。『アーカイヴズＶＯＬ．１』をブルーレイでリリースし、２はＣＤで企画していた。ワーナーブラザーズとの契約期限を過ぎていたからだ。ブルーレイはあまりにも費用がかかりすぎ、扱いづらい。『アーカイウズＶＯＬ．２』をハイレゾにするための別の方法を考えなければならなかった。

ブックレット付きのＣＤにするという契約だったので、わたしはワーナーに、可能な限り高音質のＣＤで制作すると告げた。ほんとうはビニール盤で作りたかった——ブックレット付きのレコードだ——が、現実的ではなかった。『VOL．2』はビニール盤で三十枚から四十枚の分量があった。正直なところ、CDで作るのは気が滅入ったが、ワーナーブラザーズとの契約があったし、彼らはCDを希望していた。

この二十年間、アーカイヴ作りのために適したテクノロジーを求めてわたしが奮闘してきたこと、そしていつもテクノロジーがアイデアに追いついていなかったことが、おわかりいただけただろう。

問題解決のテクノロジー

アーカイヴをウェブサイト上に作ることには、やはり大きな問題があった。今回も音楽に関連する問題だ。上質なサウンドを鳴らし、操作しやすいサイトを作る方法がわからなかった。音楽の再生にはパソコンを使わなければならず、ならばハイレゾファイルで再生する必要がある。大きな問題は、全音源を保存できる容量のパソコンなどないということだった。わたしの全音源を保存したハードディスクを提供し、ウェブサイトと同期させることまで考えた。しかし、非現実的だった。

でも今回は、問題を解決できるテクノロジーがタイミングよく実現した。オラストリームのハイレゾストリーミングを発展させたXストリームだ。

わたしの全音源を——

このアダプティヴ・ストリーミングのおかげで、ニール・ヤング・アーカイヴス（NYA）を開設し、わたしの全音源をハイレゾで、録音したとおりのサウンドで提供できるようになった。この方式のストリーミングによって、メモリや保存に関する問題はすべて解決した。また、携帯電話からハイレゾでわたしの全音源を聴くことができるように、アップルとアンドロイドそれぞれのアプリを作った。わたしの知る限り、通信速度にかかわらず192キロヘルツ／24ビットでストリーミングできるはじめてのアプリだ。もちろん、フルハイレゾで聴くには、パソコンや携帯電話にハイレゾを処理できるDACが必要だが、それがなくても悪くない音がする。知ってのとおり、DACはデジタルファイルをハイレゾのアナログに変換してスピーカーやヘッドフォンに送る。LGとサムスンの携帯電話のなかにも、DACを内蔵している機種がある。ようやくこれらの携帯電話に対応するアプリもできた。Xストリーム・バイ・NYAを聴くためのニール・ヤング・アーカイヴズのアプリだ（〝Xストリーム〟という名称は他社がすでに使っているので、使用してはいけないそうだ。わたしはドクター・ドレーの〝ビーツ・バイ・ドクター・ドレー〟を思い出し、〝Xストリーム・バイ・NYA〟にした）。

NYA チーム＝ジーク・ヤング、ハナ・ジョンソン、ジョン・オニール、リーラ・クロセット

二〇一六年、わたしはアートディレクターのトシ・オオヌキ、プロジェクトリーダーのハナ・ジョンソンとともにＮＹＡのウェブサイトの開発に着手し、二〇一八年に完成させた。現在も次々と新しいコンテンツを追加している。

わたしのホーム

ＮＹＡは、ただの作品置き場にとどまらないものになった。大勢のファンが訪れ、あちこち見て、何度も戻ってきてくれるので、わたしはファンとたびたび直接交流している。それから、新しい活動やアルバムや動画、コンサートの予定、最近のできごとに思うことなどをファンに伝えている。サイト内の新聞「ＮＹＡタイムズ・コントラリアン」に、音楽から政治まで、あらゆる話題の記事を投稿している。

ＮＹＡには大量の情報があるので、魅力的で閲覧しやすく、じっくり時間をかけてあちこち覗けば新しい発見があるようなサイトにしたかった。サイトのデザインには、わたしが子どものころからなじんでいるアナログな物品の写真を使った。たとえば、ファイルキャビネット、テープレコーダーのＶＵメーターやトグルスイッチ、鍵穴など、昔を思い出して楽しい気分になるようなものだ。懐古主義的なのはわかっている。わたしは実際、懐古主義者だ。

アーカイヴのすべてのレコードには、制作した場所や方法、制作に参加した人、そのほかさまざまな情報を添付した。タイプライターで書いた歌詞、わたしの手書きのメモ、アルバムや楽曲について記した文章もすべて載せた。それから、構想していたとおりにタイムラインのアイデアも実現できた。画面いっぱいに広がる時間軸で、発表年月順にアルバムからアルバムへ移動したり、特定の日付に直接ジャンプできたりする。頻繁に新しいコンテンツを追加し、サイトはどんどん成長している。

ファイルキャビネット

サイトには、はじめて訪れた人のためにファイルキャビネットの抽斗《ひきだし》がある。抽斗をクリックすると、一九六三年から現在までのわたしの全作品にアクセスできる。それもいま聴くことのできる限り最高の解像度（NYAで聴けるのがすべてハイレゾではなく、二〇二〇年五月末現在、『フリーダム』『ブロークン・アロー』他は未だCDレベルのままである）で！　抽斗をあけてみよう。ファイルフォルダーをめくっていくと、わたしのアルバム、映画、ミュージックビデオ、関連するメモや記事が入っている。アルバムを開くと、インフォメーションカードが現れ、さらなる情報が書いてある。興味を惹かれた曲や動画を見つけたら、クリックするだけで再生できる。

キャビネットの抽斗をあけると、ファイルの動く音がするのだが、その音でエアー・アコースティクスの創業者でPONOの開発者であるチャーリー・ハンセンを思い出して欲しい。この音はエアーのアンプの革命的なボリュームコントロールの音だ。悲しいことに、このサイトがオープンする直前、二〇一七年十一月二十八日に亡くなったチャーリーに敬意を払ってつけくわえた。

二〇一七年十二月一日、まだサイトは未完成だったが、わたしはNYAを発表した。二日間で五十万人のビジターが訪れ、十三万人がサインアップして聴いてくれた。おそらく、われわれはハイレゾ音源の配信料で記録を打ち立てるだろう。

一年近く、ウェブサイトにアクセスすれば無料でコンテンツを聴くことができた。所属レコード会社のワーナーミュージックがNYAのアイデアを強力にサポートしてくれたおかげだ。

二〇一八年十二月から、一カ月一ドル九十九セント、年間で十九ドル九十九セントの少額な登録料ですべてのコンテンツにアクセスできるようにした。サイトの更新や維持、コンテンツの追加にかかるコストをまかなうためだが、充分ではない。登録料を払っていなくても、音楽や書籍、映画、動画を再生する以外、自由に閲覧できる。また、今日の一曲、今週の一枚は無料で聴くことができる。

わたしはこのサイトに夢中だし、誇りに思っている。故ラリー・ジョンソンの娘ハナ・ジョンソンは昔からの友人で、アーカイヴズのプロジェクトに最初から参加し、NYAを発展させる責任者になった。ベン・ジョンソンも――ラリーの息子で、彼の会社〈アップストリーム・マルチメディア〉を継いだ——いつも助けてくれる。わたしはほんとうに幸運だ。わたしたちみんな、毎日ラリーを思い出している。

ウェブサイトは世界中から注目され、絶賛された。以下は「ガーディアン」紙のレヴューの抜粋だ。

……だから、ニール・ヤング・アーカイヴズは大きな進歩だ。ついにアーティストの全仕事が、大ヒット作もレアなものも、全楽曲に適切な情報をつけてオンラインカタログ化されたのだ。(中略)しかし、ニール・ヤング・アーカイヴズを見ていくと、ほかのアーティストたちの可能性もヘッドライトのように光を放ちはじめる。過去にとっての未来ではあるが、たしかに未来がある。(＊9)

未来

PONOのときと同様に、われわれはレコード会社とテクノロジー業界に対し、どうすれば高音質で音楽を提供することができるのか提示してきた。PONOは、史上最高のクオリティで、史上最高に楽しい音楽コンテンツを提供するプレイヤーとダウンロードストアを作ることができるという証左だった。しかし、ストリーミングほど便利ではないという大きな批判があった。だから、今度は低音質のストリーミングに替わるものがあることを示した。NYAでいま使われているXストリーム・バイ・NYAは、わたしの音楽を最高の音質で一日二十四時間、世界中の音楽を愛するファンに届けている。

NYAは発展しつづけている。わたしは毎日サイトの仕事をし、サイトはつねに新しいコンテンツを追加されている。現在、サイトではライヴコンサートの動画を配信中だ。新聞の「NYAタイムズ・コントラリアン」はとても楽しく、わたしは長時間をこの新聞に費やしている。ジャーナリストだった父から、新聞を作るという夢を引き継いだのかもしれない。だが、サイトの本質はサウンドだ。

わたしはまた、NYAをひとつの見本として、友人のアーティストたちに自分の作品でなにができるか伝えたい。彼らもアーカイヴサイトを作りたくなるような、そんなサイトにしたい。友人たちが独自のサイトを作り、ハイレゾでストリーミングできるよう、わたしはどんなテクノロジーでNYAを作っているのか包み隠さず教えている。現在は、ほかのアーティストの録音物や音楽のコレクションをわたしのサイトに提供してもらうべく働きかけているところだ。

持てる時間をすべて費やしてＮＹＡを作りあげたいま振り返れば、わたしはずっと、きちんとコントロールできる小さな規模で、しかし最終的には自分の目的――ハイレゾで音楽を聴いてもらえるようにすること――を実現するものを作ろうとしてきた。いま、われわれはちゃんとやっているはずだが、大勢の人々からちゃんとやっていないと批判されるのはどういうことだろう。

人々はいう。「アクセス数を稼ごうとしていないじゃないか」あれをしていない、これをしていない、なんにもしていない。わたしは、そういうことに興味がない。むしろ、そういうことをしないことに興味がある。

わたしはだれかれかまわずわたしの曲を無理やり聴かせたいとは思っていない。わたしの音楽を愛してくれる人に聴いてほしいから、最高の音で提供したい。最高の音で聴いてもらえるのがうれしいのだ。なぜなら、彼らは五十年以上わたしの音楽と生活を支えてくれたのだから。わたしから彼らへのお礼だ。

ＮＹＡのクオリティに業界全体が追いつくのなら、それはすばらしいことだ。しかし、わたしはＮＹＡを自分のオーディエンスの外にまで広げようとはしていない。音楽は自身で語る。だから、普通のインターネットのマーケティングを踏襲してアクセス数を稼ぐつもりはない。わたしの音楽を愛してくれる人を通して、ほかのアーティストが好きな人にも聴いてもらえればいい。気づいてくれる人はいると、わたしは知っている。多くのアーティストは、音楽の音質を大事にしているのだから。

わたしの音楽を聴きたい人が、まともな音で聴ける場所を作りたい。自分がいままで作ってきたものをすべて提示するというわたしのアイデアが優れているならば、そしてＮＹＡがきちんと機能しているならば、ほかのアーティストもあとにつづき、それぞれが大きなアーカイヴを作るだろう。わたしは夢を見ているのだろうか？　それでも、きっとほかのアーティストのサウンドも救われるはずだ。

だが、そのためにサイトをコントロールしてクオリティを保つには、自分自身でやるしかない。自分のアーカイヴを宣伝したいのではなく、手広くビジネスをやろうとも思っていない。だが、ほかのアーティストのモデルにはなれるかもしれない。たとえば、膨大な楽曲を作ったポール・マッカートニーや、わたしの好きなバンド、メタリカ。ＮＹＡは、〝雑多なフォーマット時代の終焉〟の時代に、世界中のアーティストが使える音楽アーカイヴのプラットフォームになる。

ときどき、わたしはＮＹＡがワールド・ミュージック・アーカイヴズ（ＷＭＡ）を作る第一歩になるのではないかと夢想する。ほかのアーティストたちがアーカイヴ作りに乗り出そうとしているのは知っている。どのレコード会社も、ワールド・ミュージック・アーカイヴズに参加すればいい。ＷＭＡユニバーサル、ＷＭＡワーナーブラザーズ、ＷＭＡソニー、ＷＭＡブルーノート、ＷＭＡヴァンガード、ＷＭＡフォークウェイズが、それぞれの部屋を作る。ＷＭＡサイトに行き、好きなレコード会社の定額制配信サービスに登録すれば、聴きたいアーティストのアーカイヴにアクセスできる。そうなったら、おもしろくはないか？

友人のマーク・ベニオフには、そのやり方でも利益を出せるといわれるが、わたしはただ、そうかと答える。そういうことは、だれかほかの人間がやればいい。わたしは、低コストでこういうことができるとみんなに知ってもらいたいだけだ。ほかのアーティストの作品もこのクオリティで配信できるようになってほしいし、その結果として、彼らのファンにいい音が届くようになればいいと思う。テクノロジーがほんとうの意味で役に立てば、金はあとからついてくる。

人生の大部分が音楽だったので、わたしはサウンドの質がおそろしく低下していることに抗議せずにはいられなかった。抗議するだけではすまなかった。自分の名前や評価がどうなろうが、解決法があるのだと証明してきた。これからも、役に立つと思うことはなんでもしていくし、ほかのアーティストがともにいい音を追求してくれることを望んでいる。最後の章では、ほかの人たちにできることを提案したい。

Chapter 27 / Neil

第27章／ニール・ヤング

これからどうする?

音楽をなんとかしたいと、毎日考える。音楽が世界にとってどんなに大きな意味を持つか、そしてなぜ人が幸福に生きていくために音楽を最高の形で楽しむことが必要なのか、世界に伝える方法をいつも探している。

いずれ大手のストリーミングプラットフォームが、Xストリーム・バイ・NYAや同様のアダプティヴ・ストリーミングに飛びつくだろうという確信がわたしにはある。一度そうなったら、他社もつづく。そうせずにはいられなくなる。そういうものだ。大手ストリーミング会社の勇気と洞察力により、人々は当然の権利を行使するようになる。あ、ら、ゆ、る音楽を聴きたいと主張するようになる。

レコード会社へ――

いまあなたがたが販売しているのは、あなたがたを成長させた音楽をだめにするクズのようなサウンドの音源ばかりだ。音楽が将来どうなるか考えず、ところかまわず大量に売りさばくため、質を犠牲にしてきた。

いい音で音楽を再生する方法がないのなら、高音質の音源を提供しないのも当然だろう。音楽のレベルを低下させる方法でしか音楽を聴くことができないのなら、音質にこだわってもしかたがない。

だが、待ってくれ。Ｘストリーム・バイ・ＮＹＡなら、どこでどんな機器を使っていても、いますぐいい音で聴くことができる。なぜなら、Ｘストリーム・バイ・ＮＹＡはフルハイレゾのファイルを再生できるからだ。ほかのサービスは、レベルを落としたファイルしか再生できない。

たとえば、スポティファイのデスクトップアプリは、３２０ｋｂｐｓか１６０ｂｐｓに限られている。その二種類から選ぶしかない。アンドロイド、ｉＰｈｏｎｅ、ｉＰａｄ用のスポッティファイアプリは、四種類のレベルがあるが、320kbps、160kbps、96kbps、24kbpsだ。

Xストリーム・バイ・NYAは、一万五千段階のビットレートのなかから、ユーザーの機器や状況に応じて最高の音質を探す。極端に低い音質から超高音質まで自由自在だ。通信状況がよければハイレゾで再生できるが、iPhoneの性能には限界がある。それでも、音の違いはだれにでもわかるほどだ。その差は大きい！（サムスンやLGをはじめ、フルハイレゾで再生できる携帯電話もあるが、現時点でiPhoneにはその性能が備わっていない。NYAは前者の携帯で聴くといい）

NYAアプリを使い、携帯電話で何曲か聴いてみてほしい。次に、同じ曲をスポティファイや別のストリーミングサービスで聴いてみよう。ブルートゥーススピーカーでもなんでもいい。Xストリームの音楽のほうが、いい音で聞こえるはずだ。なぜなら、Xストリーム・バイ・NYAはもとの音に近い音質のファイルを再生できるからだ。スポティファイには無理だ。

音のクオリティの現状にてこ入れできるかどうかは、あなたがたレコード会社次第だ。携帯電話の新機種が発売されるのを待つことはない。そのうち発表される。

いますぐ備えてほしい。変化が訪れたとき、音楽は最高のサウンドで再生されるようになる。人々は違いを感じ取ることができる。あなたがたは最高のファイルを、目端を利かせて真っ先に跳躍するストリーミング会社に提供できるよう、準備しておくべきだ。いますぐに。サウンドを救え。生かしつづけろ。

もし偉大な音楽のアナログマスターテープが残っているなら、マスターCDからビニール盤を作るのをやめよう。アナログから偉大なビニール盤を作るとともに、時代を超越した名作を次世代のストリーミングのためにハイレゾデジタルに変換しよう。そんな時代はすぐにやってくる。すばらしい音楽は永遠に残り、共有される。

注意してほしいのは、アナログは時間の経過とともに劣化するということだ。いますぐデジタルに変換しなければならないのは、音楽の歴史を残すためだ。まずはオールタイム・トップ100からはじめるといい。

変換にはコストがかかる。だが、あなたがたの所有する音楽のためだ。三カ月先のはした金よりもっと大切なことに責任を持つんだ！　将来を見据えよう。

ハイレゾでマスターを作り――多くは192キロヘルツ／24ビットのデジタルマスターだ――それからCDを制作している会社もあるだろう。つまり、ダウンサンプリングし、音を改竄して、CDを作っている。そのCDからレコードを作るのは、聴かれる前に音楽を台無しにすることだ。それではいい音がするはずがないのに、見た目はビニール盤だから、いい音だろうと思われる。とんでもないペテンだ。そんなことをする理由はわかっている。楽で、金がかからず、CDマスターがすでにあるからだ。なにも改善していない。クソを送り出して、音楽を愛する顧客をだましている。嘆かわしい。

最後に、音楽の値段を考えなおそう。どの音楽にも同じ値段をつければ、上質な音を聴きたがるリスナーは増え、会社は多大な貢献ができる。しかも、負担するのはあなたがたではない。ハイレゾマスターを作るのに二千ドル——オールタイム・トップ25のアルバムをアーカイヴにふさわしい音質で保存するなら、五万ドルだ。そのコストを分担するために、ビニール盤も同時に制作すればいい。一時の痛みに耐えて、アナログのマスターを最高の音質で、将来の音楽の歴史のために残してほしい。それがあなたがたの責任だ。

オーディオ機器メーカーへ——

アナログのアンプとバイパス機能のあるＤＡＣを、低品質、中程度の品質、高品質のそれぞれのラインで製品化してほしい。とても簡単なことだ。携帯電話のデジタル出力、あるいはアナログ出力から、直接再生できるように設計する。ＣＤクオリティに制限されることなく、ハイレゾで再生できるようにすべきだ。とくにソノス、アップル、アマゾン、グーグルなど、スマートスピーカーのメーカーにいいたい。あなたがたは、そこそこいい音が鳴るスピーカーを設計しようとしているが、安くて低機能な自社のエレクトロニクスしか再生できないようにしている。カナダのレンブルックは、ソノスのスピーカー用のＢｌｕＯＳアプリを開発して、家中どこでもハイレゾで音楽を聴くことができるようにした。上質なＤＡＣとアンプに投資しよう。サウンドを濁らせる不必要な機能は捨てよう。

まったく新しい製品を作れる可能性がまだある。シンプルであることと高音質であることを基本にした、すばらしいアイデアがある。高性能のＤＡＣとアンプを内蔵し、携帯電話のポートに接続できるヘッドフォンだ。ハイレゾストリーミングの時代はすぐそこまで来ている。顧客はいい音を聴くために準備をするだろう。あなたがたも備えよう。

アップルとグーグルとアマゾンミュージックへ――

音楽の真の偉大さを消さずに、音楽の歴史を残すことに協力しようじゃないか。すばらしい音楽を再現し、いつまでも世界中に届けられるような製品を作ってほしい。

あなたがたのストリーミングサービスとオンラインストアで、ハイレゾ（二〇二〇年五月現在、アマゾンはＡｍａｚｏｎ Ｍｕｓｉｃ ＨＤという高音質ストリーミングサービスを、アップルはＡｐｐｌｅ Ｄｉｇｉｔａｌ Ｍａｓｔｅｒｓという高音質ダウンロードを開始している）のファイルやＣＤファイルを提供しよう。あと一歩で、録音物という芸術――録音の歴史がはじまって以来、作られたすべての音楽――を保存することができるようになる。音楽の偉大さに扉を開こう。良識ある技術を開発すれば、レコード会社が音源を提供し、世界はふたたびすばらしいサウンドを楽しむことができる。魂で感じることができる。あなたがたがいるからこそ、可能性は開けている。

携帯電話メーカーへ――

ビットレートに応じたサウンドを配信するのは、現在のゴミを垂れ流すストリーミングと同様に、簡単なことだ。いや、もっと簡単かもしれない。アダプティヴ・ストリーミングに必要なファイルは一種類だけで、音質の異なるファイルを複数用意する必要がない。現代の古くさいストリーミングサービスは、二十世紀のテクノロジーをそのまま使うために、複数のファイルフォーマットに固執している。携帯電話であらゆる音楽を再生できるようにすればいい。ストリーミングサービスは高音質の配信に変わりつつある。すでに変わったものもある。高音質で再生できるよう、あるいは再生する機器に接続する方法を考えよう。

あなたがたは、カメラ機能の向上には熱心だったが、音楽再生機能にはそこまで固執しなかった。現在、ほとんどの機種に低解像度のＤＡＣを内蔵し、ＣＤクオリティ以下の再生機能しか持たせていない。音楽再生機能に注目すると、再生する音の質よりも内蔵スピーカーの質ばかりが話題になる。ゴミを入れればゴミしか出てこないのだが。

なかには、正しい道をたどり、改良したＤＡＣとプレイヤーを組み込んだ機種もあるし、デジタルファイルに直接アクセスできる機種もある。それこそが、最高音質の二十一世紀のリスニングを可能にする。あなたの会社の携帯電話も、それだけの性能が求められるようになる。音楽好きなユーザーに高音質の音楽を届けられるよう備えるべきだ。あなたがたは世界を変えられる。

新しい機能を備えた携帯電話は、きっとすばらしい性能であり、ユーザーはヘッドフォンで、自宅で、車のなかで、最高級のサウンドシステムで音楽を聴くことができるようになるはずだ。

高音質の音楽を携帯電話で聴けるようにすれば、間違いなく競合他社を出し抜くことができる。音楽再生機能が勝利の可能性をくれる。すでにＮＹＡアプリや同様のアプリがハイレゾ音源を顧客に届けているが、あなたがたには音楽を解放してほしい。顧客が音楽を丸ごと聴くことができるように。

ストリーミング会社へ——

現代のテクノロジーとともに成長しよう。そして音楽を解放しよう。あなたがたが売っているのは、もはや存在しない問題を処理するための、二十年前のテクノロジーにもとづいたものだ。古くさいやり方のせいで、ユーザーは本来必要のない妥協を強いられ、ひどい音質に甘んじている。古い問題はすべて解決済みで、順調だ。もはや妥協は必要ない。われわれがXストリーム・バイ・NYAでやってきたことを、あなたがたにもぜひ採用してほしい。われわれのやり方でも、ほかのやり方でも、どちらでもかまわない。とにかく、高音質で音楽を配信するテクノロジーがある、それを使えばサウンドを救えるということを忘れないでほしい。

アダプティヴ・ストリーミングのテクノロジーは、ほかのなによりも優れている。フォーマットはもはや重要ではない。よりシンプルだ。いつでもどこにいても、一種類のファイルでなんでも聴ける。ストリーミングの市場が成長するにつれて、アダプティヴ・ストリーミングが競合他社を圧倒的に引き離し、ユーザーに大きな利益をもたらし、音楽の贈り物を世界に取り戻す鍵だと、どこかの会社が気づくはずだ。どこで音楽を聴いても、いい音がするようになる。

音楽ファンへ——

わたしが音楽を作りはじめたころ、音楽を伝えるメディアはビニール盤だった。リスナーは、アーティストが作った音を隅から隅まで聴いていた。デジタル音楽が主流となった現在、あなたがたが聴いているものは、われわれが作ったものの五パーセント以下だ。わたしの音楽のCDからは、二五パーセントしか聞こえない。デジタルとは数字だ。算数なのだ。要するに、そういうことだ。あなたはテクノロジーとレコード会社相手に、不公平な取引を強いられている。そのことは、残念に思う。

わたしが音楽で生計を立てるようになったころ、だれもが音楽を愛し、音楽は重大事だった。よろこびを、涙をもたらした。音楽は人生を映し出し、わたしたちは音楽を感じた。すべてが、百パーセントの音楽が聞こえていたころの話だ。

最低のものをつかまされているのが、いまのあなたたちだ。手に入れたものは、手に入れたと思っていたものとは違う。昔の人々が聞き取り、感じていたもののほんの一部だけだ。

いや、気を悪くしないでほしい。あなたが音楽を楽しむのは、それが音楽だからだろう。音楽はいいものだ。どんな形であれ、楽しめる。ただ、だれのなんという曲だとわかるだけではだめなのだ。わかるからといって、買った音楽の五パーセントで満足する必要はない。

わたしはあなたに音楽を感じてほしい。あなたにはその価値がある。音楽は、あなたとあなたの魂に与えられるものをまだまだたくさん内包しているのだから。

註

＊1 ——— P.26
RIAA, “High Resolution Audio Initiative Gets Major Boost with New ‘Hi-Res MUSIC’ Logo and Branding Materials for Digital Retailers,” RIAA News, June 23,2015,
https://www.riaa.com/high-resolution-audio-initiative-gets-major-boost-with-new-hi-res-music-logo-and-branding-materials-for-digital-retailers/.

＊2 ——— P.32
C. Kanduri et al., “The Effect of Listening to Music on Human Transcriptome,”PeerJ, March 12, 2015,
https://peerj.com/articles/830.

＊3 ——— P.33
Natalie Clarkson, “How Does Listening to Classical Music Affect the Body?” Virgin.com, March 24, 2015,
https://www.virgin.com/music/how-does-listening-classical-music-affect-body.

＊4 ——— P.35
John C. McCallum, “Memory Prices (1957-2018),” JCMIT.net, December 16, 2018,
https://jcmit.net/memoryprice.htm.

＊5 ——— P.86
James Fallows, “China Makes, The World Takes,” The Atlantic, July/August 2007,
https://www.theatlantic.com/magazine/archive/2007/07/china-makes-the-world-takes/305987/.

＊6 ——— P.115
“Neil Young al David Letterman Show del 27-9-12,” YouTube video, 4:08, posted by“Neil Young provincia di Milano,” September 30, 2012,
https://www.youtube.com/watch?v=qL1ffo8TwGM.

＊7 ——— P.160
Kory Grow, “Neil Young’s Pono Kickstarter Raises Over $6 Million,” Rolling Stone, April 15, 2014,
https://www.rollingstone.com/music/music-news/neil-youngs-pono-kickstarter-raises-over-6-million-189401/.

＊8 ——— P.218
Tyll Hertsens, “The Pono Player and Promises Fulfilled,” Inner Fidelity, March 26, 2015,
https://www.innerfidelity.com/content/pono-player-and-promises-fulfilled#uE5TsdzyeTG1FpDh.99.

＊9 ——— P.287
Michael Hann, “Heart of Gold: Neil Young’s Online Archives Are a Revolution in Fandom,” The Guardian, June 4, 2018,
https://www.theguardian.com/music/2018/jun/04/neil-young-archives.

謝辞

ニールとフィルより——

音楽のサウンドをよくする旅の仲間になってくれた多くのかたがたに、感謝を申し上げる。

ＰＯＮＯプロジェクトのメンバーへ。エリオット・ロバーツ、クレイグ・コールマン、ジョン・ハム、ペドラム・アブラリ、ブルース・ボトニック、マーク・ゴールドスタイン、イアン・ケンドリック、マイク・ナトル、ボブ・スチュアート。本書のためにリサーチをしてくれたすべてのかたがたへ。次のＰＯＮＯのチームメイトたちにも感謝を。ジェイムズ・バーバリアン、イリーナ・ボイコーヴァ、グレッグ・チャオ、リック・コーエン、ケヴィン・フィールディング、デイヴ・ガラティン、サイモン・ギャトロール、ダマーニ・ジャクソン、サミ・カマンガー、フランツ・クラクタス、ランディ・リージャー、デイヴ・ポールセン、アリエル・ブラウン、ジェイソン・ルーベンスタイン、レイノルド・スターンズ、ジーク・ヤング、ジジ・ブリソン、ハーヴィー・アリソン。故チャーリー・ハンセンと、故ペギ・ヤングには、特別な感謝を。

ＰＣＨの生産チームのメンバーへ。リアム・ケイシー、マシュー・シャルリエ、エリザ・チョイ、ジョン・ガーヴェイ、カルロス・マーティン、チャーリー・ノーラン、レイ・ポーター、ジェニー・

ヤン、アンドレ・ヨゼフィ、ノーマン・ジュー、そのほか多くのかたがたへ。

NYAのメンバーへ。ハナ・ジョンソン、トシ・オオヌキ、ジーク・ヤング、ケイティ・フォックス、レイラ・クロセット、フランキー・タン、ケルヴィン・リー、ジョン・オニール、スチュアート・モーリツェン、マイク・ライアン、ゴードン・スミス、スコット・アンドルー、そして、ルックアウト・マネージメントのチームへ。フランク・ジロンダ、ボニー・レヴティン、ティム・ブルーガー。

いいときも悪いときも、つねにわたしたちを支え、励ましと助言をくれるかたがたへ。マーク・ベニオフ、ジョン・ハンロン、ジョン・タイソン、ダン・ヘス。

そして、ラリー・ライクとクレイグ・コールマンには、わたしたちを引き合わせてくれたことに、特別な感謝を。

わたしたちの妻、ダリルとジェインには、愛情のこもったサポートに。

エージェントのビル・グラッドストーン、本書の執筆を助けてくれた編集者のヴィ・トラン、そしてコピーエディターのジェイムズ・フラリーに。ベンベラ・ブックスのグレン・イェフェスと、支えてくれた社員のかたがたへ。

最後に、出資してくれたすべてのかたがたと、ここに記し忘れてしまったかもしれないかたがたへ、特別な感謝を。キックスターターの支援者のみなさま、PONOコミュニティのみなさま、そしてあのころから現在にいたるまで音楽を感じることの重要性を信じ、わたしたちを助けてくれたファンのみなさまへ。

著者について

NEIL YOUNG
ニール・ヤング

世界中に数百万人のフォロワーがいる世界有数のミュージシャン。カナダ出身のシンガーソングライター、ミュージシャン、プロデューサー、ディレクター、脚本家。一九六〇年代に音楽のキャリアをスタートさせ、スティーヴン・スティルスとバッファロー・スプリングフィールドを結成。クロスビー・スティルス&ナッシュに参加、バックバンドのクレイジー・ホース、プロミス・オブ・ザ・リアルとともにソロアルバムを制作。途切れることなくスタジオアルバムとライヴアルバムを制作している。ピアノ、ギター、ハーモニカを自身のアルバムで担当。その音楽は、フォーク、ロック、カントリー、そのほかのスタイルを融合している。現在もツアーとアルバムのレコーディングを続行中。

グラミー賞とジュノー賞を何度も受賞。ロックンロールの殿堂のメンバーで、「ローリング・ストーン」誌が選ぶもっとも偉大なアーティスト百組の第三十四位に選ばれた。

環境保護主義者であり、小規模農家の保護を主張し、ウィリー・ネルソンとチャリティコンサートのファーム・エイドを主催。重度の心身障害児のための教育機関、ブリッジ・スクールの設立に協力した。

『ザ・レイト・ショー・ウィズ・スティーヴン・コルベア』、『ザ・トゥナイト・ショー・スターリング・ジミー・ファロン』、『ザ・レイト・ショー・ウィズ・デイヴィッド・レターマン』、『サタデー・ナイト・ライヴ』、『ザ・ビッグ・インタヴュー・ウィズ・ダン・ラザー』など、多くのテレビ番組に出演。

著作に『ニール・ヤング自伝Ⅰ・Ⅱ』(奥田祐士・訳/白夜書房)、『ニール・ヤング　回想』(清水由貴子・訳/ストランド・ブックス発行)がある。

現在も精力的にコンサートツアーを楽しんでいる。カリフォルニア州マリブとコロラド州を行き来し、妻のダリルと暮らしている。

PHIL BAKER
フィル・ベイカー

家電の開発でキャリアを積み、ポラロイド、アップル、セイコー、バーンズ&ノーブル、シンク・アウトサイド、PONOなどで、有名な製品の開発に携わる。三十以上の特許権を所有し、シンク・アウトサイドのストウアウェイ・キーボードで、サンディエゴ・エルンスト&ヤング・アントレプレナー・オブ・ザ・イヤーを受賞。

著書"From Concept to Consumer"で、製品開発のプロセスを詳細に解説。ハイテク家電の開発に乗り出したい人々にとって貴重な指南書となっている。

テクノロジーライターであり、ジャーナリストでもある。「サンディエゴ・トランスクリプト」で十二年間、週に一度のコラム「テクノロジーについて」を連載し、現在もさまざまなウェブサイトでコラムを執筆中。二〇一五年にサンディエゴ・コラムニスト・オブ・ザ・イヤーを受賞。

ウースター工科大学で物理学の学士号取得、エール大学でエンジニアリングの修士号取得、ノースイースタン大学でMBA取得。

ベイカーとヤングは二〇一二年にPONOミュージックプレイヤーの開発を開始、ニール・ヤング・アーカイヴズやそのほかのプロジェクトでも協働をつづけている。ベイカーはカリフォルニア州ソラナビーチに妻のジェインと暮らしている。

解題

曽我部恵一

本書はニール・ヤングとフィル・ベイカーによる、ニールが着想しフィルがそれを形にしたハイレゾポータブルプレイヤー〈PONO〉にまつわる回想録である。と同時に、ニール・ヤングという歴史上稀に見る鬼才音楽家が音質に対する哲学を自ら論じたエッセイ集でもあり、さらに、ベテランプロダクト・マネージャー、フィル・ベイカーによるデジタルオーディオの品質をめぐる緻密な考察を記した論文でもある。ニールは主観的な立ち位置から、フィルは物理的な領域から、それぞれ音質を語る二重構造がとられ、読者はミュージシャンと製品開発の専門家の視点を交互に往来しながら、どのように偏執的こだわりを持って音盤（レコード、配信、全てを含む）が作られるのかを疑似体験できるシステムになっている。

この本を読み終えた方は、ミュージシャン、製品の開発者が、いかに曲や詞や編曲など楽曲に直接的に関わる部分だけではなく、「音そのもの」を自らの思い通りに捕らえようともがき苦しんでいるか、お分かりになったと思う。そして、ひょっとしたら少し疲れたのではないかと、心配する。そう、我々ミュージシャンは、録音に際し、スタジオにある音・空気の振動その最良の部分をすべて、ひとつも漏らさず、そのままのクオリティで媒体に収めることに必死になり、それにより、少なからず神経をすり減らしている。

例えば、ある曲をスタジオでレコーディングする。これ以上ないという演奏テイクが録れた。ハイな気分で家に帰る。スタジオから持ち帰った音のデータ。それを自室で再生する。悪いことが起こる。あんなにハキハキしていたドラムが、くぐもっている。耳をつんざくようだったギターは、なぜか少し遠くに聞こえる。お腹に響いて気持ち良かったあのベースの低音がどこにも無い……。どれもレコーディングの時はスタジオ全体を満たしていた愛しいものたちだ。ミュージシャンは落胆する。今まで盛り上がっていた分、なおさらである。落胆は少しずつ憤慨に変わってくる。翌日、スタジオへ戻った彼は、エンジニアやプロデューサーに文句を言う。ひょっとしたらバンドメンバーにも。そして、もう一度あのサウンドを捕まえようと、ブースに入り、演奏を開始する。さらに良い演奏が生まれる。それは、録音される。ミュージシャンはまた、意気揚々と帰って行く。部屋に戻り、再生する。そして……。そんなことが繰り返され、問題点が検証されていく。ひょっとしたら、物理的な側面を持つ（マイクの種類やらそれらと楽器との距離、または録音媒体の親和性の）問題かもしれないし、もっと感性の、例えば再生したときの天気や気分、どんな音楽をリファレンスとしているかというような単純に好みの問題なのかもしれない（おそらくはそれらが複合的に、絶望的な複雑さで絡み合っているのだろう）。いずれにせよ、膨大な検証とリトライを繰り返しながら、音楽における「音そのもの」は、少しずつ、だれかの理想に近づいてくる。理想に近づくということは、「音そのもの」の本質に近づくということだ。スティックがスネアドラムの皮に猛烈な勢いで触れる瞬間、その音は太古に生まれたどんなメッセージに基づくDNAを受け継いで現在にあるのか。つまり、あらゆる音に「意味」があるのだとしたら、その音は何を語ろうとしているのか。そこに近づくことだ。これは、風の歌に耳をすますようなことであろう。詩的で、超自然的、魔術的領域へ歩み寄る行為である。ともすれば、非常に危険な場所へ踏み込む行為（精神的にも経済的にも）ことである反面、そこにしか音楽を究極的正確さで捕らえる術はないとも言えるかもしれない。それが、録音し、データとして音楽を残すことが定義づけられた現代の音楽家である我々の使命であり、架せられた十字架である。

そこで大きな問題が生じる。「良い音」を定義するものは何もない、ということである。物理的に優れているとされるデジタルが、ノイズや劣化から逃れられないアナログに比べて「良い音」であるとされる場合、それはたんに、科学的見地に依った判断でしかない。「良い音」を認識しようとする感性とは、ほとんど関係がない。「音そのもの」を探求する心とは、関係がないのだ。古いレコードのスクラッチノイズを「暖かい良い音」とする者。カセットテープに過入力気味に録音され少しひずんだドラムを「太くてヤバい」とする者。ハイレゾデジタル音源を「スタジオ・クオリティ」だとする者。だれが音の本質をつかんでいるかを言い当てられる者はいない。

それに対してニール・ヤングはこのように述べる。

わたしはよく、そよ風のごとく、ごく穏やかな日のシャスタ湖畔を例にあげる。湖面が鏡のようになり、シャスタ山が逆さまに映りこんでいるのが見える。シャスタ山の美しさが余さず映っている。頭のなかでその鏡像を逆さまにするのはたやすい。これがアナログだ。デジタルでは、こうはいかない。

この信念に基づいてPONOが開発されてゆく。しかし、シャスタ湖畔は音ではなく視覚的な現象であるし、この風景はニールの心にしか存在しない。だれか別の人間はシャスタ湖にまた別の感情を抱くはずだ。おまけに時代はデジタルでしか機能を許さない。アナログを絶対的に信仰しつつも、それをデジタルで表現せざるを得ない。すべてはニール・ヤングというひとりの男の夢なのだ。その夢を現実にしようとする絶え間ない情熱が、この本の魅力であるし、ニールの音楽、その精神が古びない鍵でもあると考える。そこに百パーセントの完全な満足は、ないのかもしれない。そしてそれが、音を捕まえるという仕事の本質なのかもしれない。

パソコンを開き、もう一度PONOが起動する様子のYouTube動画をみる。それはただのデバイスではない。可愛く、夢がつまった、未来と過去をつなぐロックンロール装置に見える。そう、この本を読んだ後では。

（そかべけいいち・ミュージシャン）

BOOK DESIGN　ヤマシクツトム

SPECIAL THANKS　TOSHI ONUKI

本書の写真の中に、やや粗かったり輪郭などが不鮮明なものが見受けられますが、これは解像度ではなく原書収録の写真自体のピントが甘いことによるものです。関係者の誰かがスナップ写真として撮ったものなのではないかと想像されますが、お見苦しい点をお詫びいたしますとともに、事情をご理解いただければ幸いに存じます。（編集部）

訳者

鈴木美朋（すずき・みほう）

英米文学翻訳者。早稲田大学第一文学部卒。訳書にカリン・スローター『ブラック&ホワイト』『彼女のかけら』『血のペナルティ』『ハンティング』、ジョン・ピアースン『ゲティ家の身代金』、ジュリー・ガーウッド『運命の影を逃れて』、アドリアナ・トリジアーニ『愛するということ』など。

音楽を感じろ

デジタル時代に殺されていく音楽を救うニール・ヤングの闘い。

二〇二〇年八月五日　初版印刷
二〇二〇年八月十五日　初版発行

著者　ニール・ヤング＆フィル・ベイカー
訳者　鈴《すず》木《き》美《み》朋《ほう》
発行者　米田郷之
発行所　株式会社ストランド・ブックス
〒一四三－〇〇二三　東京都大田区山王四－三〇－三
info.strandbooks@gmail.com
発売所　株式会社河出書房新社
〒一五一－〇〇五一　東京都渋谷区千駄ヶ谷二－三二－二
電話　〇三－三四〇四－一二〇一（営業）
http://www.kawade.co.jp/
本文組版　株式会社ヨコカワコーポレーション
印刷・製本　株式会社シナノパブリッシングプレス

本書の内容に関するお問い合わせは、株式会社ストランド・ブックス宛にお手紙かメールにてお送り下さい。
乱丁本・落丁本はお取り替えいたします。

Printed in Japan
ISBN978-4-309-92205-8